Amy's
Kitchen

AMY'S KITCHEN

AMYの私人廚房：下班後快速料理

生活即使天天忙碌，
下班也要好好吃頓飯

對許多人來說，下班後回到家還要快速準備晚餐，是一件很辛苦的事！尤其對於職業婦女來說，在外面奔波忙碌了一整天，晚餐靠著外食就匆匆解決一餐，吃久了不但容易吃膩，而且油膩又重鹹的外食，總覺得無法兼顧全家人營養。

有時候特別想念簡單又美味的家常菜時，想自己洗手作羹湯，但光是想到備料就覺得實在太繁瑣、又擔心煮出來的菜色無法迎合全家人的口味，這樣不僅花時間又浪費食材，這些考慮總讓不少想下廚的朋友們因此卻步。就算是全職的家庭主婦，也經常為了料理三餐要如何變化菜色而苦惱。

經常有粉絲私訊我這些煩惱；這些粉絲及讀者們的心聲，AMY 全都聽見了，所以經過這一年多的努力，我集結了家常菜以及各式不同風味的料理，內容依照季節、料理難易度及方便性、省時又省錢的料理做法分類，於是這本《AMY の私人廚房：下班後快速料理》就因此誕生了。

我一直強調大家要多吃在地、當令食材，這樣不僅可以嚐到最新鮮的食材，也是最經濟實惠的採買方式，所以這本書所使用的食材都是最為簡單易購得的台灣農產品，而且每一道都有 2 分鐘的料理影片先幫大家抓重點，再搭配書裡詳細的料理步驟及小叮嚀，即使您是廚藝新手或是忙碌的上班族，也都能天天上菜，保證每一道菜色都能 30 分鐘內輕鬆上桌！當你不知道煮什麼或吃什麼時，跟著 AMY 煮，人人都會是廚藝高手。

如果煮到沒有靈感，不知道該煮些什麼的時候，就快來看看 AMY 端出的美味料理吧！

下班後也能 30 分鐘快速上菜，讓您在家安心吃！

AMY

3

Part 1

基本準備篇 *Basic*

Part 2

麵飯 & 煎餅主食 *Starch*

肉類料理　*Meat*

海鮮料理　*Seafood*

Part 5

蔬食豆腐、涼拌菜配菜 *Vegetables, Side Dish & Appetizer*

Part 6

湯品 *Soup*

Part 7

台灣在地小食 *Taiwanese Food*

Part 8

甜食點心 *Desert*

Part 1

基本準備篇

Basic

下班後快速上菜，前處理很重要

對於忙碌的媽媽或是上班族來說，下班後匆忙回家，想要煮出一頓全家人或是自己的晚餐來享用，總覺得時間上很匆忙，想要好好吃飯，又想要輕鬆優雅，週末如何採買食材，以及如何備料是一門很重要的功課。

下班後快速上菜其實最主要是在料理時善用廚房的各式家電及鍋具來進行烹煮，就可同時料理多道菜色，以現有的醬料、調理包，搭配當令時蔬、配菜，就能快速做出營養滿分的餐點。

① 煮婦聰明買，
掌握美味第一步

上班族職業婦女通常應該選在週末時採買這一週要料理的食材，或是至少購回 3-4 天的食材份量，採買前建議煮婦們先列下這週想煮的菜色，至少先購回主菜部分，例如：豬、牛、雞、鴨等，利用週末假期買好，至於其他食材要到菜市場或是大賣場、超市選購，我覺得就看個人習慣和方便即可。

做菜時按照家裡人數去設定上菜的道數和分配，例如四口人的小家庭，至少可以做 1 道主食澱粉，1 道湯，1 道肉類或魚、海鮮，2 道青菜等。夏天就增加涼拌的菜色。如果要順便帶隔天便當，就要多增加 2-3 道菜。

② 做好冰箱管理，
美味不流失

到菜市場或大賣場採買回來之後，有些食材包裝份量較多，可以先按照家裡的人數一一分裝所需的份量做保存，先預備好二天會用到的份量放至冷藏區，其餘後面 3 天的肉類就放冷凍區，配菜會用上的肉片、雞肉、海鮮等食材，也依照每一道菜所需的份量做分裝，放冰箱冷凍時盡量將食材攤平並且註明內容物、保存日期，使用包裝攤平的方式不僅節省冷凍空間、取用時也能一目了然，解凍速度也較快，最能保留食材的鮮味不流失。

我還會在冰箱外面寫上便條紙，註明冰箱有哪些食材及常備菜，可以避免忘了冰箱裡放了哪些食材快過期還沒煮，也方便做食材先進先出的管理，所以事前的備料作業是聰明料理的好習慣喔。

③

蔬菜、辛香料類妥善分配

蔬菜類比較容易取得，下班後經過超市或是便利商店都可以買到幾樣葉菜類，若是需要先採買一週的蔬菜份量，就可挑選一些耐放的根莖類蔬菜，這也是廚房必備的好食材，可以放在週四～週五時使用。

週末採買的葉菜類建議買 3 天份量即可，在最佳賞味期之內烹煮才能嚐到蔬菜的營養及美味。購回後先不要清洗，可以用廚房紙巾或是報紙稍微包一下，再用保鮮膜包好或是直接包著放進塑膠袋中，放入冷藏保鮮室，紙巾可以吸附冰箱的水分，保持蔬菜的新鮮。如果是習慣使用透明保鮮盒保存，可在底部先鋪紙巾，放上蔬菜後再放一層紙巾包覆，這樣甚至可以延長葉菜類鮮度到 5 天。

根莖類若是白蘿蔔，可以先切除頭部綠葉，然後用保鮮膜或塑膠袋嚴密包好，絲瓜或葫蘆瓜（櫛瓜）等其他根莖類都是一樣做法。

蔥薑蒜一次購買太多也是煮婦們的煩惱，青蔥、蒜頭、辣椒、薑等辛香料經常一時用不完，很多人都不知道其實可以把多的材料按照需求切成片、碎末、圈狀等，用小袋子或是小保鮮盒分裝來冷凍保存，使用前不用解凍就可直接下鍋料理，這也是很好的保存方式。

常備菜新觀念，趁週末先做

因為現代人相當忙碌，「常備菜」這幾年就變成很熱門的料理方式，概念是把食材預先處理或半處理好，使用醃漬或涼拌的料理方式，讓忙碌的上班族下班後也能在家快速上桌開飯。

①

滷好一鍋肉，下飯好美味

我會趁週末有空閒時，先滷製好一些常備菜，像是本書裡面的滷豬腳、白菜滷、滷三寶、滷雞腿、古早味紅燒肉等，先滷一鍋到冰箱當作前 *2-3* 天的主菜，或依所需份量分裝做成冷藏或冷凍調理包，可冷凍保存 *3-4* 週，做一個常備菜的概念。

下班時，只要解凍後就能快速覆熱上桌，加入時蔬、菇類等配菜，或是像大蔥紅燒肉，加入新鮮大蔥再一起煮一下，馬上就是一道好吃的下飯菜。

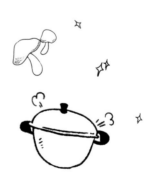

可口涼拌菜，也是常備小菜

可以存放冰箱的涼拌或是油漬小菜，也是很好的常備菜，像是油漬菇、蒜香椒鹽菇菇等，菇類含有豐富的營養成份，常吃可幫助每日的新陳代謝，物美又價廉，也是料理的必備食材之一。

買回來的菇類可以先煮成油漬菇，將菇類的美味保留住，無論是炒麵、拌飯、小菜都很好吃，裝罐時要先將容器確實用滾熱水做消毒、晾乾，才能將油漬菇裝罐放冰箱冷藏約一週，取用時的器具不能有任何水份（水氣），以免造成油漬菇腐敗。

涼拌蔬菜，如百香涼拌南瓜、涼拌大頭菜、和風涼拌洋蔥、涼拌毛豆等等，可以週末做好這些隨時可取用的涼拌菜，事先做好可以冷藏 3-4 天，想吃時就隨時美味上桌，但是務必記得盛裝保存的容器要先消毒乾淨。還有要涼拌南瓜、大頭菜之前，要先用少許的鹽做鹽漬，可軟化並去除菜澀味，再用冷開水沖去多餘鹹味。

③

善用好醬料，事半又功倍

料理要快速又能美味上桌，善用各式市售或是自製醬料（蔥醬、油漬菇）及高湯粉或高湯等，都是美味的祕訣。

利用假日時可多做一些高湯，下班後或宵夜時刻，想隨時煮一碗湯麵、燴飯都能快速上菜，不僅吃的開心也營養滿分。

像是味噌就是很常能運用的醬料，可以挑選喜歡的魚來做味噌烤魚，搭配松阪豬也不錯，蔬菜也可以使用味噌醃料醃漬入味，放冰箱可冷藏保存 3-4 天，每一款味噌的鹹度都不同，使用的用量可依鹹度做調整，醃漬越久會更入味喔。魚肉也可酥炸做為常備菜，例如：酥炸土魠魚，事先炸好的魚塊可分裝保存，可做延伸料理，像是糖醋魚、魚羹湯麵、鹽酥口味等變化各式菜色。

自製蔥油醬：每次買到的青蔥一時用不完，也可以做成蔥醬，搭配滷油雞、香煎松阪豬、拌麵、拌飯都很方便。在本書的滷雞腿這道中，也有教大家自製蔥油醬。

工欲善其事,必先利其器

如果從外面剛忙完工作回家,我會先邊燉煮湯品,再邊做氣炸肉類或海鮮,然後取出冰箱的滷肉加熱微波,再使用炒鍋炒青菜,搭配電子鍋煮白飯,使用不同的料理器具同時作業,只要 *30-45* 分鐘就可以上菜了。

若是有需要燉煮較久的肉類料理,也可善用壓力鍋來縮短烹煮時間。電鍋、電子鍋也是家裡必備,不只能煮米飯、什錦飯、燉煮各式菜色也很方便,善用器具不僅省時也省力,不用顧爐火也是聰明的料理方式。

還有像前面介紹的常備菜、自製調理包,只需隔水加熱或微波、電鍋蒸熟就能馬上享用,所以下班只要快速炒一盤青菜,就能馬上上桌,讓家人吃的營養均衡又健康。

還有,準備食材時也常需要切很多的辛香料或攪拌食材成糊狀,這時候利用廚房食物處理機、手拿攪拌器做輔助,不怕切洋蔥、辣椒而淚流滿面,也能節省備料時間、快速完成美味料理。

\ 新手看過來 /
開始料理前你該知道的
10 個重點

1. 食譜使用通用單位

通常在食譜配方是使用通用量匙，在市面上可以買到一組有各單位的量匙，1/2 小匙是 2.5g、1 小匙是 5g、1 大匙是 15g。如果是粉類或是水、高湯等，就會使用量杯測 c.c. 數。

2. 挑選對的食材部位，判斷其新鮮度

做紅燒肉時，豬肉可挑選五花肉 (三層肉)、梅花肉、胛心肉等部位，滷整塊可以挑選腱子肉、豬蹄膀等部位。

紅燒牛肉通常都是挑選牛腱、牛肋條，炒的部份可以挑梅花肉、翼板牛排、無骨牛小排、菲力等部位。

雞肉可選擇肉雞、仿土雞、土雞，依照不同料理可挑選喜歡的雞肉。喜歡嫩一點就選雞腿肉，喜歡不油膩的，可選用雞胸。

料理前，依序將食材切好、配料備好，下鍋時才不會手忙腳亂。

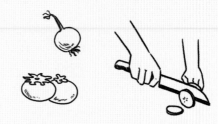

3. 活用辛香料、香草類

爆香料也很重要，中菜常用的辛香料
有蔥、蒜、薑、辣椒、香菜、芹菜珠
等，先切好放冰箱冷凍或冷藏保存，
下鍋前免解凍可以直接料理。

還有一些西餐的巴西利、薄荷、迷迭
香等也是一樣，如果家裡能種上盆
栽隨時取用最好，但如果是採購，購
回後沒用完的一樣可以分切後冷凍保
存。

4. 切工也是美味的必學重點

每一種食材在不同料理時的切法都會
不同，切塊、切絲、切末、切丁、切
滾刀塊等，每種切法都有不同口感。

基本上同一道菜不同食材會儘量切差
不多的大小，像是切塊的，大部分食
材都會切塊，蔥薑蒜大多是切末或是
段。

5. 肉或海鮮的事先醃漬是通則

採買回來的魚肉、豬肉、雞肉等肉類食材，要先分別處理好再分裝冷藏或冷凍保存，會建議先取當日要用的份量放冷藏，但如果是雞肉、魚肉不建議隔夜冷藏，容易變質產生細菌，而是建議冷凍，料理前再取所需的份量做解凍。料理前先加一些鹽、醬油等醃漬調味，可以讓魚肉、肉類等風味更佳，也能達到去腥的效果。

6. 熟悉各式鍋具、廚房器具加速時間

廚房料理器具和家電都是必備的好幫手；料理時可以在前一晚先將冷凍的食材（魚、雞肉、豬肉、牛肉）移至冷藏區進行解凍，如果趕時間的話，可利用微波爐進行解凍或加熱，電鍋、萬用燉鍋、壓力鍋、氣炸鍋、烤箱及蒸爐等廚房用品都是料理的好幫手，善用各式不同的器具，可以同時間料理多樣的菜色，縮短等候的時間。

7. 煮湯前，肉類事先的汆燙程序很重要

肉類、排骨、雞骨等先汆燙可以有效去除腥臭味，熬煮過程中也要撈除表面的浮渣，讓湯頭的風味更加鮮甜好喝。調味部分要等湯品的食材都燉煮入味，再加入鹽等調味料做調味，每次完成料理前，親自試吃品嚐味道是一定要的，每個人的口味會因食材不同而需斟酌做調味。

尤其汆燙的技巧很重要，如果是使用沸水，就要維持大滾，肉下去後沸水鎖住外面的蛋白質，然後要快速撈出，使用清水洗去雜質；也可以使用冷水，把排骨冷水入鍋，慢慢等水沸騰，中間不要一直撈動排骨，等水快要沸騰時就可以取出排骨或肉，這樣也能輕易煮去雜質和腥味。

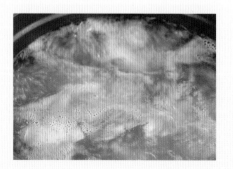

8. 油炸料理要先醃漬入味

肉類等油炸前要先醃漬,需靜置使其入味,醃漬工作也可以在前一天先醃漬好放冷藏,下班後開始做料理再裹上粉,靜置幾分鐘讓粉類返潮,這樣下鍋炸時麵衣才不會脫落。也可以一次多炸一些做為調理包以冷凍保存,下次要料理時只需解凍,搭配喜歡的配菜、醬汁就能快速上菜。

9. 蛤蜊記得先吐沙

週末買回來的蛤蜊在料理前,要先用鹽水 (比喝湯的鹹度再鹹一點就好) 進行吐沙,水量超過蛤蜊一點點就好,大約吐沙 1-2 小時,洗淨即可料理,如果要冷藏保存會建議使用保鮮袋將洗淨的蛤蜊綑綁緊,袋子裡不能有空氣,放冰箱冷藏約 4-5 天都沒問題。

10. 海鮮、蝦子的解凍方式 很重要

可以在前一天移至冰箱冷藏進行解凍,如果趕時間的話,可以使用隔水浸泡 (連同包裝袋) 放入冷水中進行解凍,如果是夏天時建議用冰塊水進行隔水解凍,因為夏天的水龍頭流出的水溫較高,過程中會破壞海鮮的鮮度而造成變質,也絕不能使用清水直接浸泡海鮮,這樣會讓海鮮的鮮味流失在水中。

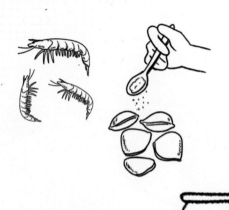

Part 2

主食 Starch

麵飯&煎餅

燒烤肉片口感佳

食材（2 人份）

燒烤豬肉片 *250g*，洋蔥 *100g*，彩色甜椒 *1/2* 顆，青蔥 *1* 根，市售燒肉醬汁；食用油適量

1. 蔥切段；洋蔥順紋切；彩色甜椒切長條。

2. 鍋中倒入食用油燒熱，放入燒烤片煎至兩面上色；再放入洋蔥，甜椒稍微拌炒。

3. 倒入燒肉醬汁、蔥段和食材炒勻就完成囉。

· 使用稍微厚一點的燒烤豬肉片而不是薄烤肉片，吃起來更多汁好吃。

紅藜清洗時輕輕沖洗就可

紅藜飯糰

食材（2 人份）

紅藜 *1/5* 米杯，白米 *1* 米杯，水適量，肉鬆適量

1. 白米洗後先浸泡 20 分鐘；紅藜用清水沖洗 3-5 次至泡泡消失。

2. 白米、紅藜放入鍋中，加水 1.5 倍 (約 2 杯水)，開中小火將米飯煮滾，過程中需不時攪拌避免黏鍋，蓋上鍋蓋轉小火煮 10 分鐘，熄火後再燜 15 分鐘，打開鍋蓋把飯拌鬆，再燜 2 分鐘。

3. 等紅藜飯稍冷，放入模具中，中間加入肉鬆等喜歡的配料；表面再蓋上一層紅藜飯，壓實後就完成囉。

・ 紅藜洗滌時會出現紅色泡沫是正常現象喔，亦可以用電鍋煮。

獨粒精神蛋炒飯

食材（1 人份）

沙拉醬 2 大匙，白飯 1 碗，雞蛋 1 顆，火腿丁 2 大匙，玉米粒 2 大匙，蔥花 1 大匙，黑胡椒粉、鹽少許，食用油適量

1. 白飯加入沙拉醬 1 大匙攪拌均勻。(圖 1)

2. 雞蛋打散成蛋汁；蔥切蔥花，火腿切丁。(圖 2、圖 3)

3. 平底鍋倒入食用油燒熱，開中小火，放入雞蛋炒至半熟後起鍋。(圖 4)

4. 火腿丁下鍋拌炒出香氣，加入白飯、玉米粒拌炒。(圖 5)

5. 放入半熟蛋、沙拉醬 1 大匙，鹽、黑胡椒粉少許拌炒均勻，最後加入蔥花拌炒即可。(圖 6、圖 7)

· 炒飯是下班後最快就可以端上桌的快速料理，平常週末也可以多準備一些冷飯，這樣炒起來就可以比較快速。

Q 要炒出粒粒分明的炒飯，
　一定得用隔夜飯嗎？
　不一定，現煮的白飯也可
　以，只要白飯先加入沙拉
　醬或蛋黃一起拌勻，就可
　以讓炒飯變得粒粒分明唷。

豬肉丼飯

食材（1 人份）

豬肉火鍋片 *200g*，洋蔥 *1* 顆，蒜末 *1/2* 大匙，薑末 *1/2* 大匙，蔥花、七味粉少許，醬油 *1.5* 大匙，味霖 *1* 大匙，清酒 *1* 大匙，白醋 *1* 小匙，雞蛋 *1* 顆，食用油適量

1. 青蔥切蔥花；洋蔥切片。(圖 1、圖 2)

2. 鍋中煮滾水，倒入少許白醋，用筷子稍微攪拌製造漩渦，打入雞蛋，煮至蛋白稍微凝結，將水波蛋撈起備用。（圖 3、圖 4）

3. 平底鍋中開中小火熱鍋後倒入食用油，洋蔥下鍋炒至半透明，倒入蒜末及薑末炒香，豬肉片下鍋，加入醬油、味霖、清酒，蓋上鍋蓋煮 5 分鐘。(圖 5、圖 6)

4. 開蓋後再煮 2 分鐘入味，就可盛於白飯上，放上水波蛋，灑上蔥花及七味粉即可。

・ 丼飯做起來相當快速，下班上超市購買豬肉片就可以做了，是職業婦女下班後快速上菜的好選擇。

Q 為什麼水波蛋煮的時候容
易失敗破碎？
煮水波蛋不失敗的技巧就
在於，要用筷子輕輕攪拌
水來製造漩渦，這樣可以
避免雞蛋黏鍋。

雞肉親子丼

食材（1人份）

去骨雞腿肉 1 片，洋蔥 (小) 1 顆，青蔥 1 根，水 (高湯) 80c.c.，雞蛋 1 顆，七味粉少許，白飯 1 碗，食用油適量

醬汁

日式醬油 1.5 大匙，醬油 0.5 大匙，味霖 2 大匙，米酒 1 大匙

1. 青蔥切成蔥花；洋蔥去皮後切塊；雞肉切成小塊；雞蛋 1 顆打散成蛋汁；醬汁拌勻，均備用。

2. 鍋中開中小火，倒入少許食用油燒熱，先放入雞肉煎至表面金黃色，將煎好的雞肉推至鍋邊，放入洋蔥拌炒。

3. 倒入步驟 1 拌好的醬汁、高湯 80c.c. 煮滾，蓋上鍋蓋轉小火煮 5 分鐘。

4. 熄火後開鍋蓋倒入蛋汁，再蓋上鍋蓋，用餘溫讓蛋汁凝結 (約 2 分鐘)，即可淋至白飯上，灑上蔥花、七味粉少許就完成囉。

·   雞肉使用雞胸肉或去骨雞腿肉都可以，切成小塊口感較佳。前一天晚上也可以把肉先切好，放入少許醬油冷藏稍醃，加快料理速度。

食材（2 人份）

白飯 *2 碗*，牛絞肉 *200g*，黃豆芽 *60g*，菠菜 *80g*，海帶芽 *20g*，韓式泡菜 *50g*，雞蛋 *1 顆*，食用油、芝麻香油、鹽、熟白芝麻粒各適量

韓式辣醬

韓式辣椒醬 *3 大匙*，米酒 *1.5 大匙*，味霖、醬油各 *1 大匙*，細砂糖 *1/2 大匙*，蒜末 *1 大匙*，薑末 *1/2 大匙*

1. 菠菜略切；薑、蒜均切末；鍋中開中小火倒入食用油燒熱，放入雞蛋下鍋煎至喜歡的熟度後盛起，倒入菠菜，拌炒至菠菜炒軟，加入少許鹽、芝麻香油炒勻盛出。

2. 鍋中倒入韓式辣醬材料煮滾盛出，爲辣醬備用；鍋中放入絞肉拌炒至表面上色，加入剛煮好的辣醬 3 大匙炒勻、盛起。

3. 另煮一鍋熱水，分別放入海帶、豆芽菜下鍋汆燙後，撈起、瀝乾，分別放入菜倒入鹽、芝麻香油、白芝麻調味。

4. 白飯上放上 1 大匙調好的辣醬、辣醬肉末、菠菜、泡菜、海帶、豆芽菜等，中間擺上荷包蛋，灑上白芝麻粒就完成囉。

韓式泡菜拌飯

松阪豬部位吃起來有油脂又脆

台式海鮮炒麵

食材（2 人份）

油麵 *300g*，松阪豬肉 *120g*，蝦仁、花枝各適量，乾香菇 *10g*，青蔥 *3* 根，辣椒 *1* 根，小白菜適量，紅蘿蔔 *20g*，油蔥酥 *1* 大匙，米酒 *1* 大匙，醬油 *1.5* 大匙，烏醋 *0.5* 大匙，鹽適量，白胡椒粉 *1* 小匙，香菇水 *120c.c.*，食用油適量

1. 蔥切斜段；辣椒切斜段；紅蘿蔔切絲；小白菜略切；乾香菇先泡開、切絲，香菇水備用；豬肉切絲。

2. 開中火倒入油燒熱，蔥白下鍋炒香，放入乾香菇、豬肉絲下鍋拌炒至表面上色；將炒好的配料推至鍋邊，放入海鮮炒至半熟。

3. 加入紅蘿蔔、辣椒、小白菜梗稍微拌炒，倒入香菇水、醬油、烏醋、鹽，拌炒均勻。

4. 放入油麵、蔥綠、小白菜葉，加入油蔥酥、米酒、白胡椒粉等，中大火拌炒 1 分鐘就完成囉。

· 松阪位於豬大里肌和腹脇肉交界處，但也可以換成腰內肉或胛心肉喔。

鍋燒海鮮烏龍麵

食材（1 人份）

烏龍麵 1 人份，青蔥 1 根，蝦子 6-8 尾，中卷 100g，水適量，高湯包 1 包，大白菜、紅蘿蔔、香菇、火鍋料、鴻喜菇各適量，蛤蜊 10 顆，食用油適量

1. 青蔥切段；蝦子去腸泥；中卷切片。烏龍麵放入滾水煮至 7 分熟，撈起備用。

2. 鍋中開中小火倒入油，放入蔥白煸出香氣，放入蝦子、中卷炒至半熟，先起鍋。

3. 原鍋倒入水至 7 分滿，放入高湯包煮滾後取出高湯包，放入其他所有配料煮滾，再放入蛤蜊及炒好的海鮮，最後放上蔥綠即可。

· 可以自由搭配喜歡的材料，是最適合上班族媽媽的快速料理。高湯包也可以用其他高湯代替。

食材（1 人份）

烏龍麵 *120g*，牛肉 *150g*，洋蔥半顆，小白菜 *1* 把，紅蘿蔔 *30g*，青蔥 *2* 根，辣椒 *1* 根，高湯 *120C.C.*，沙茶醬 *2* 大匙，醬油 *1* 大匙，太白粉 *1/2* 大匙，鹽、黑胡椒粉各 *1* 小匙，食用油適量

沙茶牛肉炒烏龍

1. 蔥、辣椒切斜段；洋蔥、紅蘿蔔切絲；小白菜切段；牛肉切片，加入一半的沙茶醬及醬油，以及米酒、太白粉稍微靜置 10 分鐘；烏龍麵放入滾水中煮至喜歡的熟度後撈起。

2. 炒鍋中倒入油稍微潤鍋，開中大火放入牛肉，炒至表面上色後起鍋備用。原鍋倒入油燒熱，洋蔥、蔥白下鍋拌炒至洋蔥變半透明狀，倒入剩餘的沙茶醬及醬油、紅蘿蔔、小白菜稍炒，最後倒入高湯後將湯汁煮滾，放入所有材料炒勻即可。

米穀粉有自然的米香

米香大阪燒

食材（2 人份）

米穀粉 *80g*，水 *60c.c.*，蛋 *1* 顆，鰹魚粉 *1* 小匙，鹽 *1/2* 小匙，披薩起司絲、紅蘿蔔絲、玉米粒各 *30g*，高麗菜絲 *120g*，豬肉片 *3-4* 片，蔥花、美乃滋、海苔粉、柴魚片各少許，豬排醬、食用油各適量

1. 蔥切蔥花；紅蘿蔔刨絲；高麗菜切成細碎狀；雞蛋打散成蛋汁；碗中加入鰹魚粉、鹽、水、米穀粉拌勻至看不見粉粒，再加入高麗菜、紅蘿蔔、蔥花、玉米粒、起司絲攪拌均勻成大阪燒麵糊。

2. 平底鍋開中小火熱鍋後倒入食用油稍微潤鍋，將大阪燒麵糊下鍋，約煎 2-3 分鐘後，放上豬肉片，將兩面都煎至金黃，盛起。

3. 淋上美乃滋、豬排醬，灑上柴魚片及海苔粉卽可。

· 米穀粉是使用白米研磨的粉，純米無麩質，有麩質過敏的人可以選用，如果沒有米穀粉，也可以用中筋麵粉取代。

元氣雞湯麵線

食材（1 人份）

去骨雞腿肉 *1* 片，蒜頭 *3* 瓣，青蔥 *1* 小把，麵線 *1* 把，米酒 *1* 小匙，鹽、胡椒粉、食用油、枸杞各適量，水 *500c.c.*

1. 蒜頭切片；青蔥切蔥花；雞肉切塊。

2. 鍋中開中小火，雞肉下鍋煸出油，將雞肉推至鍋邊，蒜片下鍋煸出香氣，倒入水煮滾；加入米酒、枸杞、鹽、胡椒粉煮滾後再煮 2 分鐘即爲雞湯。

3. 另起一鍋水滾後放入麵線，煮至喜歡的硬度後撈起，放入碗中，加入雞湯後灑上蔥花即可。

· 煸雞油時記得雞皮朝下，利用雞肉本身的油脂更添雞湯鮮美，雞湯也不會油膩。

食材（3 人份）

芋頭 *300g*、豬肉片 *200g*，白米 *1.5* 米杯，高湯 *1500c.c.*，
紅蔥頭 *8* 瓣，乾香菇 *5* 朵，蝦米 *20g*，青蔥 *3* 根，芹菜 *1*
株，香菜 *1* 株，油蔥酥 *1* 大匙，鹽 *1* 大匙，白胡椒粉 *1/2*
小匙，食用油適量，高湯 *1500 c.c.*

1. 紅蔥頭切片；乾香菇泡軟後切丁；蔥切蔥花；芹菜
   切珠；香菜切碎；芋頭切塊；白米先浸泡 30 分鐘、
   瀝乾。

2. 鍋中開中小火，倒入油，紅蔥頭、蔥白、蝦米、香
   菇炒香，豬肉片下鍋炒至表面上色，再放入芋頭拌
   炒。

3. 鍋中倒入白米、高湯，邊攪拌邊煮滾，煮滾後蓋上
   鍋蓋，轉小火燉煮 10 分鐘，加入其他材料煮勻即可。

· 鍋中倒入白米、高湯後要記得邊攪拌邊煮滾，才能避免
  黏鍋；如果要更快速，可以用三碗白飯取代白米來煮，
  高湯可減少為 1000c.c.。

芋頭肉片粥

鯧魚米粉湯

食材（4 人份）

黃金鯧魚半尾，純米粉 200g，蝦米 15g，乾香菇 3 朵，油蔥酥 15g，青蔥 2 根，蒜苗 1 根，芹菜 2 根，香菜株 3 株，大白菜 300g，炸芋頭 200g，高湯 1000c.c.，鹽 1/2 大匙，黑胡椒粉 1/3 小匙，香油 1 小匙，食用油適量

1. 香菇泡軟、切絲；蔥白切段；蔥綠切蔥花；芹菜切珠；香菜、蒜苗切碎；鯧魚切下魚頭；米粉稍微泡軟。(圖 01)

2. 鍋中開中大火熱鍋後倒入食用油，魚頭下鍋煎至兩面金黃後起鍋。(圖 02)

3. 開中小火熱鍋後倒入食用油，放入蔥白、蝦米、香菇炒香，再放入大白菜、炸芋頭，及約 7 分滿的高湯，蓋上鍋蓋煮滾。(圖 03、圖 04、圖 05)

4. 再加入鹽、胡椒粉、米粉及魚頭一起煮。(圖 06)

5. 灑上芹菜珠、蒜苗、香菜、油蔥酥提味就完成囉。

- 加入芹菜和油蔥酥，是米粉湯增香的關鍵！如果家裡剛剛好沒有高湯了，可以用少許市售的天然鮮味劑來提味。

Q 鯧魚可以用整隻的嗎？
　可以。因這隻鯧魚比較大，
　大約有 750-800g 所以我只
　取魚頭，魚尾可以用來做
　其他料理，如果是使用比
　較小隻的鯧魚，也可以整
　尾一起用唷。

台式炒米粉

食材（3 人份）

純米米粉 *200g*，水 *400c.c.*，油蔥酥 *1 大匙*，五花肉 *80g*，乾香菇 *5 朵*，蝦米 *20g*，紅蔥頭 *5 瓣*，青蔥 *2 根*，芹菜 *1 株*，紅蘿蔔 *50g*，高麗菜 *150g*，鹽 *2 小匙*，醬油、烏醋、香油各 *1 大匙*，白胡椒粉 *1 小匙*，食用油適量

1. 紅蔥頭切片；蔥切蔥花，蔥白蔥綠分開；乾香菇泡軟後切絲；五花肉、紅蘿蔔均切絲，高麗菜切小片，蝦米先浸泡 10 分鐘、瀝乾。(圖 01)

2. 米粉用水泡 10 秒，撈起瀝乾。(圖 02)

3. 鍋中開中小火倒入油，紅蔥頭、蔥白下鍋煸出香氣；放入肉絲炒至表面上色。(圖 03)

4. 放入蝦米、香菇絲炒香，倒入紅蘿蔔、醬油炒香，再將一半的配料先起鍋。(圖 04)

5. 原鍋倒入水，蓋上鍋蓋將湯汁煮滾，打開鍋蓋後倒入高麗菜、米粉、剩餘的配料，用筷子將米粉炒鬆，灑上芹菜珠、蔥綠及其他調味料，用筷子拌至湯汁快收乾即可熄火，蓋上鍋蓋燜 2 分鐘就完成囉。(圖 05、圖 06)

Q 純米粉和一般的米粉有何
  不同！
  純米粉使用純米製作，具
  有淡淡清雅的米香，和有
  一些使用粉料去做的米粉
  滋味大不相同，最好能夠
  使用純米粉來製作這道台
  式炒米粉，才能吃得健康，
  又兼具美味。

干貝要充分解凍

蒜香干貝蓋飯

食材（1 人份）

干貝 6～8 顆，白飯 1 碗，七味粉少許，蔥花少許，蒜頭 2 瓣，無鹽奶油 1 大匙，清酒 2 大匙

調味料

日式醬油 1 大匙，味霖 1 大匙，水 20c.c.

醃料

鹽少許，黑胡椒粉少許

拌飯醬汁

醬油 1 大匙，無鹽奶油 1 大匙

1. 蔥切蔥花；蒜切末。干貝用紙巾吸除多餘水份，灑上鹽、黑胡椒粉稍醃。

2. 鍋中開中小火倒入食用油稍微潤鍋，放入干貝，煎至兩面金黃焦香，先起鍋。

3. 鍋中轉小火，放入奶油、蒜末煸香，再放入清酒煮至酒精揮發，倒入日式醬油、味霖、水，煮至醬汁濃稠，再放入干貝裹上醬汁後馬上熄火。

4. 熱白飯放上奶油、醬油，拌勻，鋪上煎好的干貝淋上醬汁，灑上蔥花即可。

沙茶牛肉燴飯

食材（2 人份）

牛肉 *250g*，洋蔥 *60g*，青蔥 *2* 根，蒜頭 *1* 瓣，辣椒 *1* 根，空心菜 *80g*，高湯 *200c.c.*

調味料

沙茶醬 *1* 大匙，醬油 *1* 小匙，黑胡椒、鹽各少許，太白粉水 *2* 大匙

醃料

沙茶醬、蠔油各 *1/2* 大匙，蒜泥、太白粉各 *1* 小匙，米酒 *1* 大匙

1. 蒜頭切片；辣椒切斜片；青蔥切段；洋蔥切絲；空心菜切段；牛肉切片，加入醃料醃 15 分鐘入味。(圖 01)

2. 鍋子開中大火倒入油，稍微潤鍋，放入牛肉下鍋拌炒至表面上色後撈起。(圖 02)

3. 原鍋倒入蔥白、蒜頭、洋蔥及一半的辣椒,炒至洋蔥變透明,加入沙茶醬、醬油炒出香氣。(圖03)

4. 放入空心菜梗拌炒,放入牛肉、鹽、黑胡椒粉、空心葉炒勻,加入高湯煮滾,以太白粉水2大匙勾芡(濃度可以依照個人喜好調整)。(圖04)

5. 放入蔥綠、辣椒炒勻就好囉。(圖05)

Q 勾好芡的祕訣是什麼?
要勾好濃度剛剛好的芡,要記得太白粉水的濃度是太白粉:水約1:2,要記得攪拌均勻,而且湯汁要維持沸騰狀輕輕攪拌,這樣就能把芡勾好,濃稠度可以按照個人喜歡,像我就比較喜歡薄芡汁。

芋頭米粉湯

食材（4 人份）

昆布高湯適量，粗米粉 *150g*，水 *1800c.c.*，大白菜 *1* 顆，
芋頭 *400g*，紅蔥頭 *70g*，乾香菇 *5* 朵，紅蘿蔔適量，五
花肉 *100g*，蝦米 *20g*，青蔥 *3* 根，蒜苗 *1* 根，芹菜 *2* 株，
白胡椒粉 *1* 小匙，香油少許，食用油適量

1. 蔥切斜段；紅蔥頭切片；蒜苗切小圈；芹菜切珠；
    大白菜、芋頭均切塊；香菇泡軟後切片；五花肉切絲。
    (圖 01)

2. 鍋子倒入食用油開中火，放入芋頭炸至表面金黃後
    先起鍋，轉中小火，紅蔥頭下鍋，炸至接近金黃時
    馬上熄火，炸好的油蔥酥起鍋備用。(圖 02、圖 03)

3. 鍋子開中小火，放入五花肉煸至表面上色，加入蝦
    米、香油、蔥白炒香，加入大白菜梗、紅蘿蔔及水
    煮滾。(圖 04、圖 05)

4. 煮滾後加入大白菜葉、粗米粉、芋頭、昆布高湯適
    量，蓋上鍋蓋大約煮 3 分鐘打開鍋蓋，加入蒜苗、
    芹菜珠、油蔥酥、白胡椒粉、香油就完成囉。(圖
    06)

Q 油蔥酥一定要炸過？
　　紅蔥頭油炸後成油蔥酥，
　　香氣才會充足，是這道料
　　理的靈魂精華所在。記得
　　油炸油蔥酥時一定要用中
　　小火，而且要不斷翻炒才
　　不會燒焦。

栗子嫩雞炊飯

食材

去骨雞腿肉 *300g*，蒜末 *20g*，鴻喜菇 *50g*，紅蘿蔔丁適量，
白米 *2* 米杯，乾香菇 *2* 大朵，高湯 *2* 米杯，醬油 *1* 大匙，
鹽適量，黑胡椒粉 *1* 小匙，去皮生栗子 *20* 顆

1. 鴻喜菇切去底部，用手剝小束；乾香菇泡軟後切丁；
　 紅蘿蔔切丁；白米事先浸泡 20 分鐘；雞肉切小塊。(圖
　 01)

2. 鍋子開小火熱鍋後倒入食用油，放入蒜末爆香。(圖
　 02)

3. 雞肉下鍋炒至表面上色。(圖 03)

4. 放入香菇、鴻喜菇、紅蘿蔔拌炒，再加入鹽、黑胡
　 椒粉、醬油等調味。(圖 04)

5. 白米、栗子下鍋炒勻，加入高湯煮滾，蓋上鍋蓋轉
　 小火煮 15 分鐘，熄火後再燜 20 分鐘，打開鍋蓋將
　 炊飯拌鬆即可。(圖 05、圖 06)

Q 炊飯一定要用鐵鍋嗎？
　鑄鐵鍋保溫傳熱好，煮出
　來的炊飯料理米粒會香Q
　好吃，但如果沒有鑄鐵鍋，
　也可以用電鍋或是炒鍋蒸，
　喜歡的食材也可以替換，
　把蔬菜肉類統統加進去，
　簡單又能兼顧多種營養，
　是煮婦們最實用的懶人米
　食料理！

夏威夷海鮮 Pizza

食材

高筋麵粉 270g，低筋麵粉 30g，速發酵母 3g，糖 10g，鹽 6g，冰水 180c.c.，橄欖油 15c.c.，蕃茄紅醬適量，洋蔥半顆，彩椒 1 顆，蝦仁 12 尾 (先燙熟)，新鮮鳳梨、起司絲、乳酪粉各適量，橄欖油少許，義式香料粉少許

1. 帕馬森起司打碎成乳酪粉；鳳梨切片；火腿切片；洋蔥切細絲；彩色甜椒切圈；高筋麵粉、低筋麵粉、速發酵母、糖、鹽、橄欖油倒入調理碗中，使用瞬轉功能稍微混合。(圖 01、圖 02)

2. 麵糰加入水，搓揉至三光 (手光滑、麵糰光滑、檯面光滑) 不沾手即可，揉麵板上先灑上手粉後放上麵糰，將麵糰先做滾圓後拉出麵糰筋膜，放入碗或是保鮮盒中蓋上蓋子發酵約 1 小時。(圖 03)

3. 取出發酵好的麵糰，灑上少許手粉，桿至喜歡的厚度及大小，用叉子在餅皮上戳洞，在餅皮邊緣刷上橄欖油。(圖 04)

4. 番茄醬抹勻在麵皮表面，依序鋪上洋蔥、蝦仁、鳳
   梨片、火腿片、彩色甜椒，最後撒上起司絲，烤箱
   預熱至 230 度烤 15 分鐘，出爐後灑上乳酪粉、義式
   香料粉就完成囉。(圖 05)

· 為什麼 PIZZA 麵皮上要戳洞？
  因為 PIZZA 烘烤過程中，麵皮會膨脹，戳洞可以幫助
  麵糰內部氣體散出，這樣烤出的麵皮才不會變形，也能
  讓餅皮口感更好，不會燒焦。

鍋巴乾燒蝦

食材

草蝦 8 尾，鍋巴、食用油、地瓜粉各適量，蔥 1 根，嫩薑 15g，蒜頭 3 瓣，豆瓣醬 1 大匙，砂糖 1 小匙，蠔油 1 大匙，番茄醬 1.5 大匙，高湯 60c.c.。

醃料

鹽、白胡椒粉各 1 小匙，米酒 1 大匙

1. 蒜頭切碎；蔥切蔥花；嫩薑切末；碗中放入蠔油、番茄醬、砂糖、高湯調勻成醬汁；蝦剪去蝦頭、蝦鬚、蝦腳，去除腸泥，蝦子加入醃料靜置 5 分鐘，蝦背灑上少許地瓜粉，可讓蝦肉口感不會過老。

2. 鍋中倒入適量食用油稍微潤鍋，蝦子下鍋煎至表面上色，約 6 分鐘後起鍋備用；原鍋轉小火倒入蒜末、薑末、蔥白、豆瓣醬炒香，再放入蝦子轉中大火，倒入醬汁，蓋上鍋蓋，煮 1 分鐘。

3. 開蓋後稍微收醬汁，灑上蔥花，用鍋巴鋪底，擺上乾燒蝦，淋上醬汁、灑上蔥花就完成囉。

Q 炒飯時不能使用剛煮好的米飯,一定要用隔夜飯才能炒到粒粒分明嗎?

A 炒飯是台灣人最愛吃的主食,但是很多讀者都反映,很難炒的粒粒分明,這是因為米飯遇熱會釋出水份,以致於容易黏鍋且黏成一團,所以料理小撇步就是將沙拉醬或生蛋黃加入米飯中拌勻,再下鍋炒,這樣就會形成一層保護膜,也就不會讓水份釋出,保證可以炒出粒粒分明的炒飯。

Q 要怎麼煎魚才能保留魚皮完整不黏鍋?

A 魚下鍋前一定要擦乾水份,確實熱鍋後再將魚下鍋,煎至表面上色,鍋鏟輕推一下魚身,可輕鬆滑動就代表魚的表面已煎定型,這時候才可翻面。

Q 牛肉要怎麼挑選及料理,口感才不會乾柴?

A 炒牛肉的種類可挑選牛梅花肉等油花分佈的肉塊,口感會較軟嫩。醃漬時可加入太白粉抓醃讓肉質軟嫩,下鍋炒時,火候也很重要,先過油炒至半熟的作法,可讓牛肉的口感更滑嫩好吃。

Part 3

肉類料理

Meat

使用當季的筍子來入菜

竹筍燒肉

食材

豬五花肉 *900g*，竹筍 *2* 根，辣椒 *1* 根，薑片 *5* 片，蒜頭 *8* 瓣，乾香菇 *8* 朵，醬油 *80c.c.*，米酒 *250c.c.*，水 *200c.c.*，烏醋 *20c.c.*，冰糖 *1* 大匙，黑胡椒粉 *1* 小匙

1. 蒜頭拍裂、乾香菇事先浸泡 30 分鐘；竹筍去殼和去除粗纖維，切滾刀狀；豬肉汆燙後，切塊；香菇泡軟、切片。

2. 鍋子開中小火熱鍋，放入豬肉稍煎至表面金黃上色，再放入蒜頭、薑片、辣椒後及香菇炒香，沿鍋邊倒入醬油、冰糖拌炒出醬香味。

3. 放入竹筍、米酒、烏醋、黑胡椒粉等調味料煮滾至酒精揮發，注入水 200c.c. 後煮滾，蓋上鍋蓋轉小火燉煮 30 分鐘，開蓋稍微拌一下，再蓋上鍋蓋燉煮 20 分鐘，竹筍燒肉就完成囉。

· 週末在家做一些竹筍燒肉起來當主菜，下班只要稍微加熱就可以上桌。挑選竹筍時若筍尖有綠色，代表已長出土面曬到陽光，會有苦味。

泰式辣炒豬

食材（2 人份）

豬絞肉 350g，小番茄 12 顆，檸檬半顆，九層塔葉少許，高湯 80c.c.，紅蔥頭 3 瓣，雞蛋 1 顆，黑胡椒粉、醬油各 1 小匙，米酒 1 大匙，蒜頭 6 瓣，辣椒 2 根，薑 1 小塊，食用油適量，是拉差香甜辣椒醬 2 大匙，醬油、魚露各 1 大匙，糖 1 小匙

1. 豬絞肉加入雞蛋、黑胡椒粉、醬油、米酒醃漬 10 分鐘；小番茄切對半；紅蔥頭切碎；辣椒切段，薑切小塊，和蒜頭一起放入缽中搗碎備用。

2. 豬絞肉放入平底鍋炒至水份收乾，呈現鬆散狀後起鍋；鍋中倒入食用油，小火炒香紅蔥頭，放入蒜頭、辣椒、薑，轉中大火，豬絞肉下鍋拌炒，加入是拉差香甜辣椒醬、醬油、糖炒勻，放入小番茄及高湯中大火煮 2 分鐘，最後加入魚露、檸檬汁及少許九層塔葉即可。

· 將醃漬好的豬絞肉下鍋，先炒至水份收乾且呈現鬆散狀，口感及風味會更好吃。

食材（2 人份）

五花燒烤片 *300g*，韓式泡菜 *100g*，青蔥 *2* 根，洋蔥半顆，
韓式辣椒醬 *1* 大匙，砂糖、蒜泥、薑泥 *1* 小匙

泡
菜
五
花
肉

1. 洋蔥切絲；蔥切段，五花燒烤片略切小塊。

2. 鍋子開中火熱鍋，放入五花肉片煸至金黃上色，蔥
   白、洋蔥下鍋炒至香氣釋出，加入韓式辣椒醬、砂
   糖、蒜泥、薑泥後炒勻，最後加入韓式泡菜稍微拌
   炒，灑上蔥綠炒勻就完成囉。

· 泡菜買回來通常都會越放越酸，這時候拿來炒五花肉或
  是煮泡菜鍋會更好吃喔。

螞蟻上樹

食材（3 人份）

冬粉 2 把，豬絞肉 100g，蒜，薑各 15g，蔥 30g，辣椒適量，高湯 150c.c.，醬油 20c.c.，辣豆瓣醬 1 大匙，米酒 15c.c.，糖 1 小匙，胡椒粉 1/4 小匙，食用油適量

1. 蒜頭拍扁後切碎；薑、辣椒切末；蔥切蔥花；冬粉泡軟後切小段。

2. 鍋子開中小火熱鍋後倒入食用油，放入薑末、蒜末炒出香氣，放入豬絞肉拌炒至表面上色，再加入辣豆瓣醬、醬油、糖、胡椒粉、米酒炒勻。

3. 倒入高湯、冬粉煮滾，待醬汁稍微收乾，灑上蔥花及辣椒末就完成囉。

· 豬絞肉可以用稍微有油脂的部位，吃起來更滑潤順口。

食材（3 人份）

豬絞肉 *300g*，剝皮辣椒 *10* 根，剝皮辣椒湯汁 *3* 大匙，
生鹹蛋黃 *1* 顆，香油 *1* 小匙，蒜末 *1/2* 大匙，白胡椒粉
1/3 小匙

1. 剝皮辣椒切碎；容器內放入豬絞肉、剝皮辣椒碎、
   蒜末、白胡椒粉，加入一半的剝皮辣椒湯汁、香油，
   攪拌均勻至黏性釋出。

2. 絞肉中間壓出一個洞，倒入鹹蛋黃，淋上剩餘的剝
   皮辣椒湯汁。

3. 蒸籠等水滾後打開鍋蓋，放入剝皮辣椒絞肉，蓋上
   鍋蓋用中小火蒸 20 分鐘，打開鍋蓋取出剝皮辣椒蒸
   肉就完成囉。

· 要挑選肥瘦比例相當的絞肉，肥瘦比大約 3：7 的比例
  口感最濕潤順口。

剝皮辣椒蒸肉

滷得油亮好吃

古早味滷豬腳

食材（6 人份）

豬腳 *1.8* 公斤，青蔥 *10* 根，辣椒 *3* 根，冰糖 *50g*，蒜頭 *20* 瓣，薑 *20g*，胡椒粉 *1* 大匙，米酒半瓶，花雕酒 *200c.c.*，醬油 *160c.c.*，水 *600c.c.*，味霖 *3* 大匙，食用油適量

1. 薑切片、帶皮蒜頭拍裂、蔥白切段、豬腳事先汆燙，取一滷鍋以蔥綠鋪底；放入汆燙好的豬腳。

2. 炒鍋開中小火倒入油，放入蒜頭、蔥白、辣椒、薑片炒香，放入冰糖、醬油炒出醬香味，加入味霖、半瓶米酒、胡椒粉煮滾為豬腳滷汁，將豬腳滷汁倒入滷豬腳的鍋中，開中大火倒入花雕酒、水，煮滾後撈除表面的浮渣，蓋上鍋蓋後轉小火煮 50 分鐘，打開鍋蓋，稍微拌勻 (可視狀況補充水份)，再蓋上鍋蓋燉滷 30 分鐘就完成囉。

· 滷豬腳的時間比較長，可以善用鍋具，像是快鍋等來縮短料理時間。

脆皮燒肉

食材

五花肉 *600g*，薑片 *4* 片，蔥 *1* 根，米酒 *2* 大匙，水適量，食用小蘇打粉 *1/6* 小匙

醃料

五香粉 *1* 小匙，鹽 *1/2* 大匙，白胡椒粉 *1* 小匙，糖 *1* 小匙

1. 蔥切段；薑切片；五花肉放入鍋中，加蔥段、薑片、1 大匙米酒。注入清水將食材完全覆蓋。(圖 01)

2. 開中小火將五花肉煮至 7 分熟後起鍋，看肉塊厚度，大約需要 15~20 分鐘。(圖 02)

3. 五花肉撈起後放入冰水中急速降溫。(圖 03)

4. 將醃料的所有調味料先混和均勻。(圖 04)

5. 燙好的豬肉淋上米酒 1 大匙後抹勻，背面灑上醃料且塗抹均勻。(圖 05、圖 06)

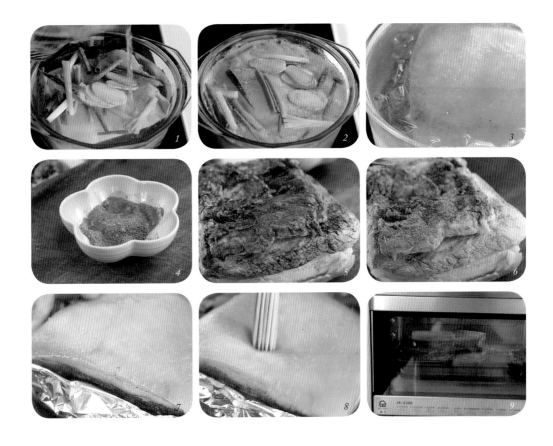

6. 從底部包上錫箔紙。(圖 07)

7. 豬肉表皮上面戳洞成蜂巢狀，冷藏 1~2 天至表面乾燥。(圖 08)

8. 五花肉放置烤盤上，表面灑上小蘇打粉後塗抹均勻，烤箱預熱至 200℃，五花肉進烤箱烘烤。(圖 09)

9. 以 200℃烤約 30 分鐘即可。

Q 烤出好吃的脆皮燒肉技巧？

豬皮要酥脆，必須先用竹籤之類的針刺出很多小孔，一定要刺到表皮底下，再將豬皮部份露出，放在冰箱冷藏 1-2 天，直到豬皮變硬。使用小蘇打粉的目的主要是因為豬皮容易爆開，可以增加豬皮彈性，但記得只能使用一點點，千萬別灑太多，反則容易會有鹼味喔。

辣炒豆干松阪豬

食材

松阪豬肉 *300g*，豆干 *9* 片，青蔥 *3* 根，辣椒 *2* 根，蒜頭 *2* 瓣，醬油膏 *1* 大匙，紅椒粉、黑胡椒粉、白胡椒粉各 *1* 小匙，食用油適量

1. 蒜頭切片；辣椒切斜段；蔥白切斜段；蔥綠切段；豆干切片；松阪豬切片。

2. 鍋中開中小火倒入油稍微潤鍋，放入豆干煎至表面金黃，再放入松阪豬肉片下鍋煎至表面金黃上色。

3. 放入蔥白、蒜頭及一半的辣椒拌炒均勻，加入其它調味料、醬油膏拌炒入味後再倒入剩餘的辣椒、蔥綠拌炒就完成囉。

· 喜歡吃辣的，這道菜可以多增加一些辣椒的份量。紅椒粉主要是用來提味和增色，辣度不高。

食材（2 人份）

雞胸肉 *150g*，柳橙 *2* 顆，彩色甜椒適量，紅蘿蔔 *20g*，
甜碗豆 *15* 根，腰果、鹽、食用油適量，柳橙汁 *2* 大匙

醃料

素蠔油、砂糖、香油各 *1* 小匙，白胡椒粉少許，太白粉、
柳橙汁各 *1* 大匙

橙香鮮蔬炒雞柳

1. 紅蘿蔔去皮、切小片；柳橙取出果肉；彩色甜椒切絲；
   雞胸肉切長條，加入醃料靜置 15 分鐘。

2. 鍋子開中小火熱鍋後倒入食用油，放入雞柳條炒至
   雞肉半熟 (約雞肉表面呈白色)，將雞肉推至鍋邊，
   加入紅蘿蔔片、甜碗豆、彩色甜椒下鍋後拌勻。

3. 加入鹽、柳橙果肉及果汁、腰果拌炒就完成囉。

· 柳橙酸甜的滋味和雞肉最速配，如果不是當季，也可以
  替換使用其他喜歡的柑橘類。

泰
式
椒
麻
雞

食材（2 人份）
去骨雞腿肉 1 片，高麗菜絲、食用油、花生碎各適量，
辣椒 1 根，香菜 1 株

醃料
黑胡椒粉、白胡椒粉、鹽各 1/2 小匙

椒麻醬汁
醬油、烏醋各 2 大匙，砂糖、花椒粉、芝麻香油各 1/2
大匙，辣籽油 1 大匙，熟白芝麻適量

1. 高麗菜切絲；辣椒切圈，切去香菜底部、香菜梗切碎、
   香菜葉略切。(圖 01、圖 02)

2. 椒麻醬汁混勻備用。(圖 03)

3. 雞肉在比較厚的部分稍微劃刀，會比較容易熟。(圖
   04)

4. 雞肉兩面都灑上醃料後塗抹均勻，靜置 15 分鐘。(圖
   05)

5. 鍋子開中小火，雞肉下鍋 (雞皮朝下)。(圖 06)

6. 煎至表面金黃色後翻面，蓋上鍋蓋，轉小火煮 3-5 分鐘。(圖 07)

7. 煎至兩面都呈現金黃色，取出，切成喜歡的大小。(圖 08)

8. 雞排放在高麗菜絲上，依序灑上香菜、辣椒圈、花生碎，再淋上椒麻醬汁就完成囉。(圖 09)

· 煎雞排的時候，上面可以用厚實的容器壓著，可以幫助雞排均勻受熱不捲曲。

老菜脯蒸雞

食材（2 人份）

去骨雞腿肉 *1* 隻，老菜脯 *15g*，老薑 *10g*，蒜粒 *3* 瓣，米酒 *1* 大匙，鹽少許

1. 蒜頭切片；薑切片。(圖 01)

2. 去骨雞腿肉在較厚的地方劃刀，比較容易熟。(圖 02)

3. 在雞腿肉上灑上鹽少許，淋上一半的米酒，兩面都塗抹均勻。(圖 03)

4. 老菜脯用清水沖洗、瀝乾。(圖 04)

5. 雞腿肉鋪底 (雞皮朝下)，依序放上老菜脯、蒜頭、薑片，淋上剩餘的米酒。(圖 05)

6. 將雞肉翻面，包裹住配料，放入蒸籠，水滾後大約蒸 15 分鐘，熄火後再燜 10 分鐘。(圖 06)

7. 筷子可刺穿無血水，代表蒸熟囉。(圖 07)

8. 將雞肉切成喜歡的大小，放上蔥絲、辣椒絲(裝飾)，
   淋上少許湯汁就完成囉。(圖 08)

Q 老菜脯需要浸泡嗎？

　　不用。只需要用清水稍微沖洗就好，老菜脯是經過長期
發酵的食材，會產生酵素及多酚，也保留了蘿蔔的膳食
纖維、維生素及礦物質等營養素，是很棒的養生抗老食
材。

照
燒
雞
腿
排

食材（2 人份）
去骨雞腿肉 2 片，高麗菜、小番茄、白芝麻粒適量

照燒醬汁
醬油 3 大匙，味霖、水各 2 大匙，糖 1 大匙

1. 高麗菜切絲後鋪底；小番茄對切；雞肉較厚的地方劃刀；照燒醬汁材料拌勻。

2. 鍋子開中大火，放入雞肉 (雞皮朝下) 煎至兩面金黃。倒入照燒醬汁，將醬汁煮滾後蓋上鍋蓋，轉中小火煮 8 分鐘。

3. 打開鍋蓋將雞排翻面，煮至醬汁收乾入味即可盛起，灑上白芝麻粒就完成囉。

· 如果家裡已經有照燒醬，也可以直接使用市售的照燒醬汁。

食材

去骨雞腿肉 600g，青蔥 2 根，薑 30g，大蒜 10 瓣，辣椒 2 根，
芹菜 1 小把，青椒 1 個，乾香菇 5 朵，麻油、醬油、冰糖、
豆瓣醬、素蠔油各 1 大匙，花雕酒 200c.c.，高湯 150c.c.

醃料

花雕酒 2 大匙，醬油、素蠔油各 1 大匙

花雕雞

1. 老薑切片；乾香菇泡軟切小塊；辣椒切斜片；青蔥、芹
   菜切段；青椒切去蒂頭後剖半去籽，切成小塊；雞肉加
   入醃料靜置 1 小時。

2. 鍋子開中大火，放入少許雞皮下鍋逼出雞油，將雞皮先
   起鍋，醃好的雞肉下鍋，拌炒至表面上色後先起鍋，加
   入大蒜、薑片、香菇、辣椒及麻油拌炒出香氣。

3. 放入雞肉拌炒，加入豆瓣醬、醬油、素蠔油、冰糖炒至
   雞肉上色，沿鍋邊倒入花雕酒，炒出香氣讓酒精揮發，
   再倒入高湯煮滾，蓋上鍋蓋轉小火，燜煮 20 分鐘。

4. 開蓋後轉大火將醬汁收乾，芹菜、青椒、蔥綠、辣椒下
   鍋稍作拌炒就完成囉。

牛肉和雞蛋豆腐一起捲

胡麻菇菇肉片捲

食材（2 人份）

雞蛋豆腐 *1* 盒，胡麻醬適量，牛肉片 *6* 片，鴻喜菇 *1* 包，
太白粉少許，蔥花、白芝麻粒、食用油各適量

1. 青蔥切蔥花；鴻喜菇切去底部，用手剝成小束；
    雞蛋豆腐切厚片。

2. 牛肉片上面放雞蛋豆腐，將牛肉片捲起。

3. 鍋子開中火倒入油潤鍋，放入捲好的肉片捲，煎
    至兩面金黃，將牛肉捲推至鍋邊，鴻喜菇下鍋拌
    炒，蓋上鍋蓋，一起燜煮 1 分鐘。

4. 打開鍋蓋拌炒至鴻喜菇成金黃上色，淋上胡麻醬，
    再灑上白芝麻粒、蔥花就完成囉。

·   牛肉片捲起雞蛋豆腐時，尾端灑上少許太白粉可以幫
    助黏合。

鹽水雞

食材

去骨雞腿肉、雞胸肉各 *1* 片，筊白筍 *3* 根，粉豆、綠花椰菜各適量，玉米筍 *6* 根，蔥花 *1* 根，蒜末 *2* 大匙，嫩薑末、辣椒末、香油各 *1* 大匙，胡椒鹽適量，鹽少許

醃料

五香粉、花椒粉、鹽各 *1/2* 大匙

水煮料

八角 *2* 粒，花椒粒 *1* 小匙，月桂葉 *2* 片，薑片 *3* 片，蔥段 *1* 根，洋蔥 *1* 顆，鹽、米酒各 *1* 大匙

1. 去骨雞腿肉、雞胸肉倒入醃料混勻，冷藏醃漬 1 小時。(圖 01)

2. 蒜頭拍裂後切碎；青蔥切蔥花；嫩薑切末；辣椒切圈；玉米筍對切、粉豆略切；筊白筍切滾刀狀。(圖 02、圖 03、圖 04)

3. 煮一鍋水放入水煮料內的洋蔥、蔥段、薑片、月桂葉、八角、花椒粒及 800c.c. 水煮滾，放入雞肉，加入水煮料內的鹽、米酒，小火煮 8 分鐘後熄火，蓋上鍋蓋，燜 15 分鐘，取出雞肉放入冰水中冰鎮，撈起瀝乾，剪成小塊。(圖 05、圖 06)

4. 將水煮料撈出，再將雞高湯煮滾，把其他蔬菜分次下鍋燙熟，再取出放入冰水中冰鎮至冷卻。(圖 07)

5. 雞肉和蔬菜放入容器中，加入蒜末、嫩薑末、辣椒末、蔥花、胡椒鹽、香油及雞高湯適量一起調味拌勻就完成囉。(圖 08)

Q 蔬菜可以替換不同的種類嗎？

可以唷。可以按照個人喜好替換成愛吃或當季的蔬菜，像是馬鈴薯、木耳、四季豆、蘿蔔等也都很適合。一次多做 1-2 餐的份量冷藏著也相當方便，下班後取出就可以馬上當成一道料理。

16

蜂蜜芥末香雞排

食材（2 人份）

蜂蜜芥末沙拉醬適量，去骨雞腿排 *1* 片，生菜少許，小番茄少許，巴西里適量

醬汁

蜂蜜芥末沙拉醬 *2* 大匙，味霖、醬油各 *1* 大匙，黑胡椒粉 *1/4* 小匙

1. 雞肉去除多餘的肥油，肉較厚的地方劃刀，在雞肉表面戳洞；小番茄切對半；巴西里切碎；醬汁材料均放入碗中拌勻。

2. 鍋子開中小火熱鍋，放入雞肉 (雞皮朝下)，過程中可以用紙巾吸除多餘雞油，讓表皮更酥脆，大約煎 5 分鐘後翻面，煎至兩面金黃後起鍋。

3. 原鍋倒入步驟 1 拌好的醬汁煮滾，放入雞排煮至均勻裹上醬汁，轉小火收汁後即可起鍋，切成喜歡的大小，鋪上喜歡的生菜加上小番茄點綴，淋上蜂蜜芥末沙拉醬，灑上巴西里就完成了。

· 在雞肉表面用牙籤或叉子戳洞可以幫助醃漬入味。

食材

帶骨雞腿 6 隻，蔥段 2 根，薑片 3 片，辣椒 2 根，月桂葉 3 片，味霖 2 大匙，冰糖 80g，花雕酒 60c.c.，水 300c.c.，醬油 120c.c.

滷包

草果 1 顆，八角 2 顆，小茴香 1 小匙，桂皮 1 小塊

蔥油醬汁

嫩薑碎 2 大匙，蒜泥 1 大匙，青蔥碎、熱香油各 3 大匙，鹽 1 小匙

滷雞腿

1. 草果敲裂，滷包內放入所有中藥材後綑緊；蔥切段；碗中加入青蔥碎、蒜泥、嫩薑碎、鹽後攪拌均勻，淋上熱香油後稍作攪拌，放涼後備用。

2. 鍋中放入蔥段、薑片、辣椒、月桂葉、滷包、冰糖、味霖、醬油、水，開中小火將滷汁煮滾，煮滾後轉小火再煮 5 分鐘。

3. 帶骨雞腿下鍋後倒入一半的花雕酒，煮滾後蓋上鍋蓋，轉小火煮 15 分鐘，將雞腿翻面，淋上剩餘的花雕酒，再蓋上鍋蓋熄火燜 30 分鐘就完成囉，要食用的時候再淋上蔥油醬汁一起吃。

· 蔥油醬汁運用廣泛，也可以運用在蔥油雞上一起吃唷。

週末多做一點放冰箱

滷三寶

食材（6 人份）

牛腱 2 顆，牛筋 2 個，牛肚 1 片，蔥段 3 根，蒜頭 8 瓣，辣椒 2 根，滷包 1 個，醬油 250c.c.，米酒 250c.c.，水 1200c.c.，豆瓣醬 2 大匙，冰糖 1 大匙，食用油適量

汆燙用

米酒 1 大匙，蔥段 2 根，薑 5 片

1. 老薑切片；帶皮蒜頭拍裂；牛腱切除多餘肥油。

2. 煮一鍋滾水後，放入汆燙用的蔥段、薑片、米酒，放入牛腱與牛筋汆燙至表面變色後撈起；放入牛肚汆燙 2 分鐘後撈起。

3. 起另一鍋開中小火倒入食用油，放入蒜頭、薑片、辣椒、豆瓣醬炒香，再加入冰糖拌炒出醬香味，加入醬油、米酒稍炒，加入滷包、水 1000c.c. 煮滾，依序放入牛腱、牛筋、牛肚、蔥段、水 200c.c.，蓋上鍋蓋煮至壓力閥上升，壓力閥上升後轉小火煮 15 分鐘熄火，這樣就完成囉。

· 這種要花時間燉煮的料理可以善用壓力鍋節省時間；要吃的時候可以依照個人喜好搭配香菜、辣椒和蔥末一起吃。

大蔥搭配紅燒肉剛剛好

大蔥紅燒肉

食材

五花肉 *1000g*，大蔥 *1* 根，薑片 *20g*，辣椒 *1* 根，蒜頭 *5* 瓣，五香粉 *1* 小匙，醬油 *80c.c.*，米酒 *150c.c.*，冰糖 *1* 大匙，味霖 *2* 大匙，黑胡椒粉 *1* 小匙，水 *300c.c.*

1. 大蔥切斜段；五花肉切塊；將五花肉倒入碗中，加入五香粉、醬油2大匙、黑胡椒粉、米酒1大匙，攪拌均勻靜置 30 分鐘。

2. 鍋子開中小火，放入五花肉煎至表面金黃上色後，先把五花肉起鍋，放入蒜頭、薑片、辣椒、一半的大蔥拌炒出香氣，再次放入五花肉，加入剩餘的調味料加蓋煮滾，燉煮 50 分鐘。

3. 打開鍋蓋，放入剩餘的大蔥後再燜 1 分鐘即可。

· 我很喜歡日本大蔥的甜美滋味，在盛產的時後我常常做這一道菜來享用。

麵輪紅燒肉

食材

五花肉 *600g*，麵輪 *300g*，蔥 *3* 根，薑片 *3* 片，辣椒 *1* 根，蒜頭 *15* 瓣，米酒 *200c.c.*，醬油 *60c.c.*，味霖 *2* 大匙，烏醋 *1* 大匙，水 *150c.c.*

醃料

黑胡椒粉 *1/2* 小匙，醬油、米酒 *1* 大匙，五香粉 *1* 小匙

1. 帶皮蒜頭拍裂；蔥段綁成束；煮一鍋熱水放入麵輪汆燙，撈起擠乾；放入五花肉汆燙撈起，加入醃料後混勻，靜置 30 分鐘。

2. 鍋子開中小火，放入五花肉拌炒至表面上色後起鍋，放入薑片、蒜頭拌炒出香氣，加入醬油、味霖、烏醋、米酒、麵輪拌炒，再放入辣椒、蔥束，倒入水蓋上鍋蓋燉煮 25 分鐘，打開鍋蓋拌炒，小火再燉煮 20 分鐘就完成囉。

· 麵輪汆燙後可以稍微放涼，再擠出水分，這樣燉煮後味道才不會被水稀釋。

零失敗QA小講堂

Amy 老師の

Q 雞胸肉如何炒才會滑嫩好吃？

A 雞胸肉最怕柴柴的，切的時候要逆紋切，口感才會好，醃漬時加一點太白粉可讓肉質更鮮嫩。

Q 泰式辣炒豬的辛香料爲什麼要用搗碎方式而不是切碎？

A 辛香料經過搗碎後，香氣釋出且風味更佳，拌炒時更能和絞肉融合入味。

Q 如何滷出油亮油亮又入味的滷雞腿？

A 加入味霖是這道滷雞腿的關鍵唷。味霖是以糯米釀製而成的調味料，可以讓滷雞腿的色澤呈現油亮，也能達到去腥提鮮的效果，滷汁吃起來也不會死鹹！

Q 滷肉料理適合挑選哪個部位的肉？

A 喜歡油花適中可挑選五花肉，又稱三層肉，怕太油膩就可選胛心肉、梅花肉等，口感較爲軟嫩好吃。

Q 滷好的滷三寶醬汁可以重複使用嗎？

A 可以唷。滷汁別浪費，過濾好的滷汁可放冷凍保存，做爲老滷，下次滷肉時可加入滷汁中可增添濃郁風味，滷肉會更好吃。

Part 4

海鮮料理

Seafood

沾酸辣醬汁會更對味

01 酥炸土魠魚

食材

土魠魚 *300g*，雞蛋 *1* 顆，地瓜粉、食用油各適量

醃料

醬油、細砂糖、白胡椒粉、五香粉、米酒各 *1/2* 大匙，
蒜泥 *1* 小匙

酸辣醬汁

蒜頭 *2* 瓣，辣椒 *1* 根，香菜 *1* 株，檸檬 *1/2* 顆，糖 *1/2*
大匙，米醋 *1* 大匙，開水 *20c.c.*

1. 土魠魚切小塊；蒜頭拍裂後切碎；辣椒切圈；香
   菜略切；碗中倒入蒜頭碎、辣椒圈、糖、米醋，
   擠入檸檬汁，加入水、香菜碎，拌勻成酸辣醬汁。

2. 土魠魚放入碗中，打入 1 顆雞蛋，加入醃料靜置
   15 分鐘入味，將魚塊均勻裹上地瓜粉，靜置 3 分
   鐘待地瓜粉返潮。

3. 鍋中開中小火倒入食用油，用筷子測試油溫，筷
   子周圍會冒泡代表可以了，將土魠魚塊，以小火
   煎炸約 2 分鐘，炸至表面金黃即可，搭配酸辣醬
   汁的相當好吃。

- 週末在家土魠魚塊也可以先多炸一些起來，除了沾酸
  辣醬汁或是胡椒鹽一起吃，還可以拿來煮土魠魚羹、
  糖醋魚等，都相當美味。

莎莎酸辣蝦

食材（2 人份）

薑片 *3* 片，蔥 *1* 根，米酒、魚露各 *1* 大匙，蒜頭 *4* 瓣，辣椒 *2* 根，香菜 *2* 株，蝦子 *8* 尾，檸檬汁 *1* 大匙，糖 *1/2* 大匙，小蕃茄 *10* 顆

1. 蒜頭切碎、辣椒切碎、香菜略切；水滾後放入薑片及蔥段，蝦子下鍋後加入米酒，燙至蝦子彎曲後撈起，放入冰水中冰鎮後口感更 Q 彈，剝除蝦頭及蝦殼，切開蝦背去除腸泥後備用。

2. 小番茄、糖及檸檬汁打成番茄醬。將番茄醬倒入碗中，依序加入香菜、辣椒碎、蒜碎，攪拌均勻成莎莎醬。

3. 莎莎醬加入魚露 (可依個人喜好調整口味)，再加入蝦仁拌勻就完成囉。

· 莎莎醬是墨西哥菜中很常見的醬料，很容易做，和所有食材都百搭，搭肉類、海鮮、沙拉或是麵包、玉米片一起吃都相當適合。

食材（2 人份）

中卷 1 尾，青蔥 1 根，檸檬 1/2 顆，薑片 3 片，米酒 1 大匙，蔥花 1 大匙

五味醬

番茄醬 2 大匙，檸檬汁、醬油 1 大匙，細砂糖 1 大匙，蒜泥、薑泥 1/2 大匙

五味醬中卷

1. 將中卷的頭跟身體分開，再對半切開，表面劃刀切成格紋後切小塊；五味醬的所有材料混合均勻成醬汁。

2. 起一鍋滾水放入蔥段及薑片，加入檸檬皮、米酒煮滾，放入中卷約汆燙 20 秒後撈起，放入冰水中冰鎮。

3. 淋上特調的五味醬、灑上蔥花就完成囉。

· 海鮮類如中卷、鮮蝦很容易就會煮過頭，汆燙時只要一上色變熟就要馬上撈起，放入冰開水中降溫冰鎮，可保留 Q 彈鮮甜的口感。

加入魚露更對味

咖哩鮮蝦粉絲煲

食材

鮮蝦 10 隻,粉絲 1 把,香菜、食用油、辣椒各適量,蔥 2 根,薑 10g,蒜頭 2 瓣,洋蔥 50g,咖哩粉 1 大匙,魚露 1 小匙,高湯 200c.c.,椰漿 30c.c.,鹽少許

1. 薑切片;洋蔥切絲;蔥白切斜段、蔥綠切蔥花;辣椒切圈;香菜略切;粉絲泡軟後略剪;鮮蝦剪去蝦鬚及蝦腳,剪開蝦背去除腸泥。

2. 鍋子開中小火倒入食用油,放入蒜頭及蔥白下鍋拌炒出香氣,再放入鮮蝦下鍋炒至半熟,表面上色後,先將鮮蝦先起鍋。

3. 洋蔥放入原鍋拌炒至透明狀,加入咖哩粉炒香,再加入椰漿、高湯、鹽煮滾,倒入粉絲、魚露,擺入鮮蝦煮滾 2 分鐘,讓鮮蝦吸附湯汁。最後灑上蔥花、香菜末、辣椒圈即可。

· 咖哩粉要炒過香氣會比較濃郁;魚露本身帶有鹹味,要注意酌量使用。

香烤魚下巴

食材（1 人份）

海鱺魚下巴 *1* 片，鹽適量，白胡椒粉、胡椒鹽、檸檬片各適量，米酒 *1* 大匙，蔥適量

1. 蔥切段；魚下巴兩面都灑上白胡椒粉、鹽，淋上米酒，兩面都塗抹均勻後靜置 5 分鐘。

2. 烤盤中以蔥段鋪底，烤箱上下火預熱 180 度，將烤盤放入烤箱以 180 度烤 20 分鐘，好吃的海鱺魚下巴就完成囉。

3. 吃的時候可搭配胡椒鹽或檸檬汁都超級美味。

· 海鱺魚下巴口感細嫩，油脂含量高，用來做烤物相當適合。

食材

海鱺魚片 1 包 (約 360~400g)，芹菜管 2 根，香菜少許，洋蔥、甜椒各 1/2 顆，荸薺 7 顆，腰果、食用油均適量，米酒 1 大匙，太白粉、香油 1 小匙，鹽、白胡椒粉、黑胡椒粉、薑末、蒜末、生菜各適量

1. 洋蔥切小塊；甜椒、荸薺、芹菜管均切丁；香菜切碎；海鱺魚取出中間骨頭（骨頭可留下煮湯），魚肉切小塊，加入鹽、白胡椒粉、米酒抓醃靜置 5 分鐘。

2. 鍋子開中小火熱鍋後倒入食用油，放入洋蔥、蒜末、薑末炒香後推至鍋邊，再放入魚塊炒至表面金黃色，加入芹菜管、荸薺丁、甜椒丁等下鍋拌炒，最後加入適量黑胡椒粉、鹽、香油及腰果調味拌炒均勻即可。

生菜海鱺魚鬆

・ 大家記憶中的魚鬆肉塊都比較小塊，但是口感就會稍乾，海鱺肉質細緻，不用切的太小，就能保有魚肉的鮮美滋味。

紅燒豆腐豆瓣魚

食材

鱸魚 *1* 尾，豆腐 *1* 塊，蔥 *3* 根，香菜 *1* 把，蒜頭 *3* 瓣，老薑 *1* 塊，辣椒 *2* 根，冰糖 *1/2* 大匙，豆瓣醬 *1* 又 *1/2* 大匙，醬油、米酒各 *1* 大匙，烏醋 *1/2* 大匙，黑胡椒粉適量，水 *100c.c.*，太白粉水、食用油適量

1. 蒜頭拍裂後切碎；薑切末；蔥切蔥花；辣椒切圈；香菜略切；豆腐切厚片；太白粉加兩倍水拌勻，均備用。(圖 01)

2. 鱸魚表面劃刀，灑上鹽少許塗抹均勻。(圖 02)

3. 鍋子開中小火倒入油稍微潤鍋，放入魚煎至兩面金黃後起鍋；再倒入食用油，放入豆腐下鍋煎至表面金黃後起鍋。(圖 03、圖 04)

4. 鍋子轉中小火倒入食用油，加入蒜末、蔥白、薑末後煸出香氣，加入豆瓣醬、冰糖、黑胡椒粉、醬油、烏醋稍作拌炒，加入米酒煮滾至酒精揮發。(圖 05)

5. 放入鱸魚、豆腐、水拌炒後蓋上鍋蓋煮 2 分鐘，最
   後加入太白粉水適量，將鱸魚淋上醬汁、灑上蔥花、
   香菜、辣椒圈就完成囉。(圖 06)

· 豆腐怎麼煎才能完整不破碎？
   豆腐要煎得完整，建議豆腐下鍋前先用廚房餐巾紙吸附
   多餘水份，鍋子先中大火熱油後再下鍋，煎至金黃色才
   可以翻動豆腐，這樣煎好的豆腐就能完整好看。

魚身要擦乾水分

檸檬椒鹽午仔魚

食材（2 人份）

午仔魚 *1* 隻，檸檬皮、食用油各適量，鹽、胡椒粉各 *1/2* 大匙

醃料

鹽 *1* 小匙、米酒 *1* 大匙

1. 處理好的午仔魚用水清洗，用紙巾吸去多餘水份，灑上醃料，兩面塗抹均勻後靜置 5 分鐘；刨下檸檬皮綠色部分。

2. 碗中加入鹽、胡椒粉、檸檬皮屑混合成檸檬椒鹽。

3. 鍋子開中火倒入少許食用油稍微潤鍋，放入午仔魚煎至兩面金黃，起鍋後搭配檸檬椒鹽就完成囉。

・ 午仔魚殺好最好要剖開攤平，這樣會比較好煎；檸檬可以讓胡椒鹽更增添一股清香味。

西班牙蒜味蝦

食材

鮮蝦 *12* 尾，橄欖油 *100ml*，蒜頭 *10* 瓣，乾辣椒 *10g*，巴西里少許，法國麵包 *1* 根，鹽、黑胡椒粉 *1/3* 小匙，煙燻紅椒粉 *1/2* 小匙

1. 蒜頭切片；巴西里略切；乾辣椒略切；法國麵包切片。（圖 01、圖 02）

2. 蝦頭先取下備用，剝去鮮蝦的外殼後切開蝦背去除腸泥。（圖 03）

3. 鍋子開小火倒入橄欖油 100c.c.、蒜頭下鍋煸出香氣，放入蝦頭、乾辣椒炒至蝦頭變紅，用鍋鏟壓出蝦頭的蝦膏及精華美味，用小火慢慢煉出蝦油，接著將蝦頭夾起。（圖 04）

4. 轉中火放入鮮蝦，加入辛香料拌炒均勻，拌炒至鮮蝦變紅，灑上巴西里就完成囉。（圖 05）

Q 如果沒有新鮮巴西里怎麼
  辦?
  超市也有販售罐裝的乾燥
  巴西里,也可以善加運用,
  但是新鮮巴西里的滋味比
  較清香,更能增添這道菜
  的獨特風格。

椒鹽鮮蚵

食材

鮮蚵 20 顆，蒜粒 5 瓣，辣椒 2 根，青蔥 3 根，地瓜粉適量，食用油適量

調味料

黑胡椒粉、白胡椒粉 1/2 小匙，鹽 1/3 小匙

醃料

米酒 1 大匙，白胡椒粉、鹽各 1/2 小匙

1. 蒜頭拍裂後切碎；青蔥切蔥花 (蔥白、蔥綠分開)；辣椒切圈。(圖 01)。

2. 鮮蚵加入醃料拌勻，靜置 5 分鐘。(圖 02)

3. 取一個碗或保鮮盒，倒入一半的地瓜粉後放入醃好的鮮蚵，再加入剩餘的地瓜粉，蓋上蓋子稍微搖一搖，讓鮮蚵均勻地裹上粉。(圖 03)

4. 炸鍋中倒入油開中火熱鍋，油熱後放入鮮蚵炸至表面金黃後撈起。(圖 04)

5. 另起一炒鍋開中小火，倒入食用油 1 大匙，放入蔥
   白、蒜末下鍋及一半的辣椒先炒香，再放入剛炸好
   的鮮蚵稍作拌炒，倒入調味料、剩餘的辣椒及蔥綠
   後拌炒均勻就完成囉。(圖 05、圖 06)

Q 怎麼知道油炸的油鍋是否夠熱？
  測量油溫的方法可放入蔥段測看看，如果蔥段丟入後就
  開始冒起量多的泡泡，代表油溫已經到達了。

金沙蝦球

食材

蝦子 15 尾，雞蛋 1 顆，鹹蛋 3 顆，蒜粒 5 瓣，地瓜粉、食用油各適量，米酒 1 大匙，鹽 1/2 小匙，白胡椒粉 1/3 小匙，黑胡椒粉適量，蔥白、蔥綠各 1 大匙，辣椒 1 根

1. 青蔥切蔥花，蔥白、蔥綠分開；蒜頭拍裂後切碎；辣椒切圈；蝦子去殼後，切開蝦背去除腸泥，放入碗中，加入鹽、胡椒粉、米酒混和均勻，再加入蛋液，讓蝦子均勻裹上蛋液。(圖 01)

2. 把鹹蛋黃與鹹蛋白分開，取出鹹蛋黃 3 顆、鹹蛋白 2 顆，將鹹蛋黃及鹹蛋白分別壓碎。(圖 02)

3. 醃漬好的蝦子裹上地瓜粉，靜置 3-5 分鐘返潮，返潮後的麵衣較不容易脫落。(圖 03)

4. 鍋中倒入油後開中火至油熱，蝦子下鍋炸至表面定型，大約炸至 7 分熟即可起鍋。(圖 04)

5. 開中小火倒入油，蔥白及蒜末下鍋拌炒出香氣後推
   至鍋邊，再放入鹹蛋黃拌炒至起油泡，再加入蝦子、
   鹹蛋白一起炒，讓蝦子裹上金沙，最後撒上黑胡椒
   粉、蔥綠、辣椒圈就完成囉。(圖 05、圖 06)。

Q 如果鹹蛋黃太鹹怎麼辦？
   製作金沙最主要的就是炒鹹蛋黃的步驟，一定要把鹹蛋
   黃炒到起泡才能去腥，也讓金沙更好吃，如果是買到過
   鹹的蛋黃，可以加入一些糖來平衡鹹味。

先左右包起再捲

越式鮮蝦春捲

食材（2 人份）

米紙 4 片，熟蝦 6 尾，生菜適量，米粉、豆芽、香菜、薄荷各適量，小黃瓜 1 根

沾醬

糖、開水各 3 大匙，魚露 1 大匙，檸檬汁、辣椒各 2 大匙，大蒜 3 瓣，香菜少許

1. 小黃瓜切去蒂頭，切成四長條 ; 檸檬切角；蒜頭拍裂後切碎；辣椒切圈；香菜梗切末，香菜葉略切；煮熟的蝦剖半。

2. 碗中放入沾醬所有材料拌勻。

3. 米紙上刷上水，依序擺上生菜、米粉、豆芽菜、香菜、剖半的蝦子，再放上小黃瓜、薄荷葉，先將左右包起，再將春捲捲起就完成囉。

· 越式春捲包法和台灣的春捲差不多，只是米紙要沾水才能軟化，也可以使用一個盤子倒入開水，再把米紙放入，稍微浸泡至濕後取出。

Q 炸鮮蚵要如何料理才不會縮水？

A 蚵仔的水分含量高，料理時很容易縮水，要炸或料理前，鮮蚵可先裹上地瓜粉或太白粉，下鍋煮或炸的時間也不可太久，如果是油炸方式，裹粉後要靜置返潮，所謂的「返潮」是指要炸的肉排或海鮮上的醃料從裏面滲出地瓜粉外，使地瓜粉轉為淡淡的醬色，看起來稍微帶點濕氣，這樣在油炸時才比較不易掉粉。

Q 為什麼有時候金沙容易有蛋腥味？

A 所謂的金沙通常是使用鹹蛋黃來拌炒食材，金沙料理經常出現在餐館的菜單上，各種食材都可做，像是金沙南瓜、金沙豆腐、金沙苦瓜、金沙杏鮑菇、金沙蝦球、金沙茭白筍等，金沙要炒的好吃，鹹蛋黃下鍋後，一定要小火炒至起油冒泡才不會有蛋腥味。

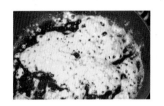

Q 煮味噌湯時，為什麼味噌都是最後再加入湯裡？

A 因為味噌煮太久容易失去香味，所以煮味噌湯通常都是等食材煮熟之後，熄火前加入，可以用濾網將味噌拌勻融入湯汁裡，或是先把味噌用冷水攪拌至溶解再用濾網過入湯中。

Q 為什麼蒜片吃起來有苦味？

A 炒菜時蒜是最常用的辛香料，蒜片下鍋煎或炸時，要用小火慢慢煸至上色，尤其是在最後關鍵幾秒鐘要隨時注意蒜片的變化，看到蒜片開始變成金黃色且香氣釋出時，其他的食材就可以開始下鍋了，蒜片炒太久容易變苦又轉黑。

本書食譜材料份量未特別註明者，皆為 4 人份。

Part 5

蔬食豆腐、涼拌菜配菜

Vegetables,
Side Dish&Appetizer

有阿嬤記憶的白菜滷

古早味白菜滷

食材

鰹魚風味料適量，大白菜 *1* 顆，豬肉 *100g*，乾香菇 *8* 朵，秀珍菇、黑木耳各 *1* 包，紅蘿蔔 *1* 根，蝦米 *25g*，青蔥 *3* 根，蒜頭 *3* 瓣，老薑 *15g*，香菜少許，青蔥 *3* 根，桃皮 *20g*，太白粉水 *30c.c.*，烏醋 *1* 大匙，水 *400c.c.*，食用油適量

1. 老薑切片；蒜頭切片；蔥切段；香菜略切；泡軟的香菇切絲；木耳切絲；紅蘿蔔切絲；大白菜切塊；豬肉切絲，放入碗中，加少許鰹魚風味料醃漬（如果沒有風味料，可用鹽、白胡椒粉少許來替代）。

2. 鍋子開中小火倒入食用油稍微潤鍋，放入蔥白、蒜頭、薑片煸至香氣釋出，放入蝦米、香菇絲、豬肉絲炒至表面上色，放入木耳、紅蘿蔔絲後稍作拌炒，先將一半的配料盛起。

3. 鍋中加入大白菜、秀珍菇、桃皮、炒好的配料、鰹魚風味料少許，加入水 400c.c.，加鍋蓋轉小火煮 15 分鐘，開蓋後加入烏醋、太白粉水調稠，再放入蔥段、香菜，稍作拌炒就完成囉。

· 鰹魚風味料很好用，是沒有高湯時的好幫忙，可以增添鮮味，但如果不使用鰹魚風味料，400c.c. 的水就必須使用高湯喔。

涼拌毛豆

食材

毛豆 *500g*，八角 *4* 個，鹽 *1.5* 大匙

調味料

白胡椒粉、黑胡椒粉各 *1/2* 大匙，蒜末 *2* 大匙，辣椒 *1* 大匙，香油 *1.5* 大匙，鹽適量

1. 大蒜切末；辣椒切末、毛豆剪掉頭尾，均備用。(圖 01)

2. 滾水中加入鹽 1.5 大匙、八角煮滾，八角可以用來去除豆澀味。(圖 02)

3. 放入毛豆一起煮滾，約煮 2 分鐘。(圖 03)

4. 將毛豆撈起後放入冰水中，冰鎮 5 分鐘，撈起瀝乾。(圖 04)

5. 毛豆倒入盤中，加入調味料混合均勻就可以囉。(圖 05、圖 06)

Q 煮毛豆莢時，要如何保留
　鮮綠的色澤？
　　將毛豆莢的頭、尾經修剪
　再煮，可以幫助入味，要
　保持顏色翠綠，祕訣在於
　下鍋汆燙後要撈起，馬上
　放入冰水中冰鎮，這樣就
　能保留清脆口感及翠綠色
　澤。

沙茶牛肉炒空心菜

食材

牛肉、空心菜各 *300g*，大蔥 *1* 根，沙茶醬 *1.5* 大匙，醬油 *1* 大匙，米酒 *1* 大匙，太白粉 *1* 大匙，辣椒、水、食用油適量，蒜頭 *3* 瓣

調味料

鹽、胡椒粉各 *1/2* 小匙

1. 蒜頭切片；辣椒、大蔥切斜段；空心菜切段。(圖 01)

2. 牛肉逆紋切成牛柳，加入沙茶醬、醬油、米酒、太白粉及鹽、胡椒粉調味料後拌勻，靜置 15 分鐘。(圖 02、圖 03)

3. 鍋子開中大火倒入食用油燒熱，放入蒜頭煸出香氣，再放入牛肉炒至半熟後先起鍋。(圖 04)

4. 原鍋倒入食用油，放入辣椒、空心菜梗、水適量，稍微拌炒後將空心菜葉下鍋，將空心菜炒軟後起鍋盛盤。(圖 05)

5. 鍋子開大火放入牛肉、辣椒、鹽、蔥白、水適量（調整醬汁濃稠），稍微拌炒後加入蔥綠下鍋，拌炒均勻後即可熄火。(圖 06)

6. 空心菜鋪底後放上炒好的牛肉就完成囉。(圖 07)

Q 牛肉為什麼要逆紋切？
先觀察肉的紋理，「逆紋切」就是「橫切」，也就是和肉的紋理垂直切肉，呈現「井」字狀，分切後的肉塊就形成短紋理，像格子狀的方塊，如果是品質好的牛肉，可以看見排列均勻的油花，逆紋切可以把肉的纖維切斷，讓肉更容易咬，咀嚼和吃起來口感更好，也更幫助消化吸收。

金沙茭白筍

食材

茭白筍 8 根，鹹蛋 3 顆，辣椒 1 根，蒜頭 3 瓣，蔥 1 根，
水 1 大匙，食用油適量

1. 蒜頭拍裂後切碎；蔥切蔥花；辣椒切圈；茭白筍切滾刀狀。(圖 01)

2. 鹹蛋取出 3 顆鹹蛋黃後稍微壓碎，取出鹹蛋白 1 顆稍微壓碎。(圖 02)

3. 鍋子開中火倒入食用油稍微潤鍋，放入茭白筍稍作拌炒，加入水後蓋上鍋蓋燜煮 1 分鐘，再打開鍋蓋，炒至水份收乾，將茭白筍先起鍋。(圖 03)

4. 原鍋放入鹹蛋黃、蒜末、蔥白炒至鹹蛋黃起油泡。(圖 04)

5. 將鹹蛋白、茭白筍下鍋稍作翻炒，灑上辣椒圈、蔥花後拌炒均勻就完成囉。(圖 05、圖 06)

Q 金沙茭白筍要炒的鹹香好
　吃的祕訣？

　　鹹蛋黃用油炒過後才能更
　　香喔。茭白筍的清脆口感
　　是這道菜的關鍵，拌炒時
　　加入一大匙水，稍微燜煮
　　就可保留茭白筍的鮮甜滋
　　味，開蓋後再將表面水份
　　炒乾，這樣就能讓茭白筍
　　均勻裹住金沙。

涼拌大頭菜

食材

大頭菜 *600g*，辣椒 *2* 根，蒜頭 *6* 瓣，醋 *3* 大匙，糖 *2* 大匙，香油 *1* 大匙，香菜適量

鹽漬料

鹽 *1* 大匙

1. 蒜頭拍裂後切碎；辣椒切圈；香菜略切；大頭菜削去外皮後切成薄片。(圖 01)

2. 碗中加入大頭菜、鹽(鹽漬料)混合均勻靜置半小時，讓大頭菜出水。(圖 02)

3. 用手揉捏鹽漬的大頭菜，擠出多餘的水份後放入碗中。(圖 03、圖 04)

4. 加入糖、蒜末、辣椒圈、醋稍作混合，再加入香油。(圖 05、圖 06)

5. 最後加入香菜碎拌勻就完成囉。(圖 07)

Q 涼拌菜可以用其他蔬菜替
　代大頭菜嗎？
　可以的，也可替換成小黃
　瓜、菜心等，使用鹽來鹽
　漬可以去除澀味及多餘的
　水份，如果對於鹽的份量
　沒有把握，鹽醃漬後可以
　稍微嚐一下味道，如果太
　鹹就用開水稍微洗過。

紅燒豆腐

食材

板豆腐 1 大塊，蔥 3 根，辣椒 1 根，蒜頭 2 瓣，醬油、米酒各 1 大匙，冰糖 1/2 大匙，醬油膏 1 又 1/2 大匙，黑胡椒 1 小匙，水 3 大匙，食用油適量

1. 豆腐用紙巾擦去表面多餘水份，切成厚片；蒜頭切片；蔥白切斜段；蔥綠切段；辣椒切斜片。

2. 鍋子開中大火熱鍋後倒入食用油，放入豆腐煎至兩面金黃上色，推至鍋邊，再放入蒜頭、蔥白、辣椒下鍋拌炒至香氣釋出，加入醬油、冰糖、醬油膏，沿鍋邊倒入米酒、水，煮滾收醬汁，最後加入蔥綠、黑胡椒粉拌炒均勻就完成囉。

・ 使用板豆腐做出來的紅燒豆腐，有傳統古早的豆香味，而且板豆腐油煎比較容易完整不破碎。

食材

南瓜 *300g*，百香果 *3* 顆，鹽 *1/2* 大匙，糖 *1* 大匙，檸檬汁 *20c.c.*

百
香
果
涼
拌
南
瓜

1. 南瓜去皮，也刮除中間的籽，將南瓜先切對半後再切成薄片。
2. 把南瓜片倒入碗中，加入鹽混合均勻，鹽漬靜置 30 分鐘，待南瓜軟化出水，用清水洗掉多餘鹽份。
3. 南瓜片加入百香果、糖、檸檬汁後攪拌均勻，冷藏 1 小時醃漬入味就完成囉。

· 涼拌南瓜是夏天最好的開胃菜，冷藏約可以存放 2~3 天。南瓜除了用刀切片之外，也可以使刨刀刨成薄片。

油漬菇

食材

鴻喜菇、雪白菇、舞菇各 1 包,蒜粒 3 瓣,百里香碎適量,
黑胡椒粉、鹽各 1/2 大匙,橄欖油適量

1. 所有菇類切去底部後用手剝成小束。(圖 01)

2. 鍋子開中小火熱鍋,放入菇類,過程中需要不斷的
   翻炒,炒至菇類出水再加入鹽、黑胡椒粉調味且拌
   炒均勻。(圖 02、圖 03)

3. 炒好的菇類倒入碗中放冷備用。(圖 04)

4. 準備好一只消毒過的容器,依序放入炒好的菇類,
   再加入蒜頭 3 瓣、百里香適量,注入橄欖油至蓋過
   菇類表面,蓋上蓋子即可。(圖 05、圖 06、圖 07)

Q 鴻喜菇在料理前都不需要水洗嗎？

一般蔬菜在烹煮之前都會先經過清洗，但是菇類基本上是不用洗的。由於市售的菇類大多是在無菌室內栽種，即使不洗也很衛生。因菇類本身的含水量高，一經水洗更會吸收大量水分，反而造成營養及鮮味都流失，所以菇類建議盡量避免洗滌。若你還是很介意菇類上的髒污，或是像香菇、蘑菇等表面容易沾土，可用濕布或沾溼的廚房紙巾輕擦表面髒汙即可。

辣炒雪裡紅

食材

小芥菜 *300g*，鹽 *1* 大匙，辣椒適量，絞肉 *100g*，蒜頭 *5* 粒，米酒 *1* 大匙，香油 *1* 小匙，黑胡椒粉、鹽各 *1/2* 小匙

1. 帶皮蒜頭拍裂；辣椒切圈；小芥菜均勻裹上鹽後鹽漬 1 小時，鹽漬後就是雪裡紅，用清水洗淨後切碎。

2. 鍋子開中火倒入油稍微潤鍋，放入蒜頭下鍋煸出香氣，絞肉下鍋拌炒至表面上色，加入辣椒拌炒後加入鹽、黑胡椒粉調味，最後放入雪裡紅、米酒，轉中大火翻炒均勻，加入香油後稍作拌炒就完成囉。

· 雪裡紅除了使用小芥菜，還可挑選其他十字花科的蔬菜，例如油菜、小松菜、蘿蔔葉、青江菜等，都能醃漬出類似的風味。

食材

洋蔥、紫洋蔥各 *100g*，白芝麻 *1* 小匙，柴魚片少許，醬
油 *1* 小匙，柴魚高湯 *60c.c.*，果醋 *20c.c.*，蔥花少許

和
風
涼
拌
洋
蔥

1. 紫洋蔥切絲、洋蔥切絲，將兩種洋蔥絲放入冰水中
   冰鎮約 10 分鐘；青蔥切蔥花；碗中加入柴魚高湯、
   醬油、果醋後攪拌均勻成和風醬汁備用。

2. 將洋蔥絲撈起、瀝乾後放入盤中，淋上和風醬汁，
   灑上柴魚片、白芝麻、蔥花就完成囉。

· 洋蔥泡過冰水冰鎮一下，讓口感更清脆，還可以去除洋
  蔥的辛辣味。使用紫色洋蔥可以讓視覺更好看，色香味
  俱全。

紅燒蘿蔔

食材

蘿蔔 *500g*，絞肉 *150g*，蒜頭 *1* 瓣，薑 *15g*，蔥 *1* 根，辣椒 *1* 根，米酒 *2* 大匙，味霖 *1* 大匙，醬油 *3* 大匙，水 *100c.c.*，黑胡椒粉 *1* 小匙，食用油適量

1. 薑切薑片；蒜頭切片；蔥切蔥花；辣椒切成圈。(圖 01、圖 02)

2. 蘿蔔切塊，可先切圓塊後再分切 4 塊。(圖 03)

3. 鍋中開中小火倒入食用油，放入蒜頭、薑片、蔥白炒香。(圖 04)

4. 放入絞肉拌炒至表面金黃上色。(圖 05)

5. 加入醬油、味霖後稍作拌炒，蘿蔔下鍋拌炒均勻至上色。(圖 06)

6. 加入黑胡椒粉、米酒、水，煮滾後蓋上鍋蓋，轉小火煮 20 分鐘。(圖 07)，打開鍋蓋，稍微收乾醬汁，灑上蔥花、辣椒圈就完成囉。(圖 08)

Q 白蘿蔔怎麼挑選？

　　冬天 12~3 月是白蘿蔔盛產
　期，挑選時要挑表皮摸起
　來光滑細嫩、顏色潔白、
　如果有葉梗則是鮮綠色，
　感覺結實飽滿有重量感者，
　用手按看看質地越硬越好、
　輕彈起來聲音清脆的，就
　是水份飽滿好吃的白蘿蔔
　了。

皮蛋水煮過可定型

三色蛋

食材

雞蛋 *4* 顆，鹹蛋 *2* 顆，皮蛋 *2* 顆，米酒 *1* 小匙，食用油適量

米漿水

水 *60c.c.*，米穀粉 *1* 大匙

1. 鹹鴨蛋切丁。

2. 煮一鍋水，水滾後放入皮蛋煮 10 分鐘，起鍋靜置冷卻後切丁。蛋液須分成蛋液 A 及蛋液 B，蛋液 A 為 1 顆全蛋加 3 顆蛋白，蛋液 B 為 3 顆蛋黃，蛋液 A 中加入米酒 1 小匙攪拌均勻，蛋液 B 直接攪拌均勻。

3. 米穀粉、水攪拌均勻成米漿水，蛋液 A 加入米漿水 3 大匙攪拌均勻；蛋液 B 加入剩餘的米漿水攪拌均勻。

4. 在保鮮盒或是碗等容器內刷上少許食用油防止沾黏，底部放上烘焙紙，放入鹹鴨蛋丁、皮蛋丁，再把調好的蛋液 A，以濾網過濾後倒入，讓蛋液更加滑順細緻，放入鍋中以中小火蒸 12 分鐘，蒸籠可插入一隻筷子調節蒸氣，再打開鍋蓋，倒入蛋液 B，蓋鍋蓋小火蒸 8 分鐘就完成囉。

· 蒸籠旁插入筷子可以調節蒸氣量，這樣蒸出來的三色蛋不會有太多空隙，口感會較為細緻。

皮蛋蒼蠅頭

食材

韭菜花 300g，絞肉 150g，皮蛋 3 顆，辣椒 2 根，蒜頭 5 瓣，胡椒粉 1 小匙，醬油 1 大匙，豆豉 1 大匙，米酒 2 大匙

1. 蒜頭拍裂後切碎；辣椒切圈；韭菜花折去老梗部份、切丁；豆豉加入米酒 2 大匙浸泡 10 分鐘；皮蛋滾水煮 6 分鐘先定型後切成丁。

2. 鍋子開中小火倒入油稍微潤鍋，放入蒜末拌炒出香氣，加入辣椒圈、絞肉炒至表面金黃上色，倒入泡好的豆豉、醬油炒出醬香味，最後倒入皮蛋丁、韭菜花稍作拌炒後，加入胡椒粉調味即可。

· 韭菜花是否摘去花苞可按照個人喜歡；擔心皮蛋有獨特味道，只要先放入滾水中煮 6-8 分鐘或放進電鍋蒸 5 分鐘，就能讓味道變淡，也讓蛋心也會凝結成型，同時方便切割，料理時好吃又好看。

食材（2 人份）

綠豆芽 *300g*，青蔥 *2* 根，洋蔥 *1/2* 顆，蒜粒 *2* 粒，辣椒
1 根，無鹽奶油 *20g*，香菇素蠔油 *1.5* 大匙，烏醋 *1/2* 大匙，
黑胡椒粉 *1* 大匙，鹽少許，食用油適量

鐵板炒豆芽

1. 蒜頭切片；辣椒切斜片；洋蔥切絲；蔥切斜段。

2. 鍋子開中小火倒入食用油，放入蒜頭、洋蔥炒香，
   加入無鹽奶油、辣椒拌炒，轉中大火加入綠豆芽、
   蠔油、烏醋、黑胡椒粉、鹽，拌炒均勻，最後放入
   蔥段拌炒就完成囉。

· 黑胡椒粉是最對味的關鍵，如果家裡剛好有韭菜，加入
  一些韭菜也相當好吃。

香煎雞胸櫛瓜麵

食材（1 人份）

雞胸肉 1 塊，辣椒 2 根，蒜頭 3 瓣，彩色甜椒 1 顆，巴西里適量，橄欖油 1 大匙 (醃漬雞肉)，黑胡椒粉、紅椒粉、香蒜粉各 1/4 小匙，鹽 1/3 小匙，櫛瓜適量

1. 蒜頭切片；辣椒切圈；巴西里切碎；甜椒切對半去除中間的籽後切塊。(圖 01)

2. 雞胸肉依序灑上紅椒粉、黑胡椒粉、鹽、香蒜粉，淋上食用油 1 大匙，將兩面都塗抹均勻後靜置 15 分鐘。(圖 02)

3. 使用機器製作櫛瓜麵，如果沒有機器，則可以使用刨刀或是手工切絲。(圖 03)

4. 鍋子開中小火倒入食用油稍微潤鍋，將雞肉下鍋煎至兩面金黃後推至鍋邊。(圖 04、圖 05)

5. 蒜片下鍋拌炒至金黃，甜椒下鍋稍作拌炒，先放入一半的辣椒、櫛瓜麵下鍋拌炒均勻，最後灑上巴西里及辣椒拌炒就完成囉。(圖 06)

Q 雞胸肉如何煎出軟嫩而不
　柴的口感？
　雞胸肉下鍋前可用少許鹽
　做醃漬，鹽漬靜置後再下
　鍋烹煮，可讓雞胸肉的水
　份完全鎖住，保留鮮甜軟
　嫩的口感。

豆腐使用鹽水煮過定型

麻婆豆腐

食材

豬絞肉 *100g*，米酒 *1* 大匙，蔥 *2* 根，薑 *2* 片，蒜頭 *3* 瓣，嫩豆腐 *1* 塊，太白粉水 *2* 大匙，高湯 *80-100c.c.*，花椒粒、糖各 *1/2* 小匙，黑胡椒粉、花椒粉各 *1/3* 小匙，辣豆瓣 *2* 大匙，醬油 *1* 大匙，辣油、鹽、食用油各適量

1. 蒜頭拍裂後切碎；薑切末；青蔥切蔥花；豆腐切小塊，水滾後倒入鹽，放入豆腐煮定型及入味。

2. 冷鍋倒入油，開中小火，放入花椒粒炒香後撈起，放入豬絞肉炒至表面上色，倒入蔥白、薑末、蒜末拌炒出香氣，加入辣豆瓣醬炒勻，再加入醬油、糖、米酒拌炒。

3. 放入豆腐拌炒均勻，加入高湯煮滾 2-3 分鐘，倒入太白粉水勾芡，最後灑上黑胡椒粉、花椒粉、蔥花、辣油就完成囉。

· 麻婆豆腐的「麻」來自花椒，「辣」是紅油及辣豆瓣醬。麻婆豆腐的豆腐，先用鹽水煮過就能稍微定型。

干貝煎出金黃色澤

香煎干貝暖沙拉

食材（2 人份）

干貝 5 顆，橄欖油、小番茄、生菜、彩色甜椒、檸檬皮屑適量，橄欖油適量

醃料

鹽 *1/3* 小匙，黑胡椒粉 *1/4* 小匙

1. 小番茄對切；彩色甜椒切圈；檸檬切塊；干貝用紙巾擦乾表面水份，均勻灑上醃料，淋上少許食用油稍微醃漬。

2. 鍋子開中火，倒入食用油熱鍋至油紋浮現，放入干貝煎至兩面金黃即可。

3. 生菜鋪底，放上彩色甜椒、小番茄，再放上干貝、檸檬塊，淋上橄欖油，再刨上少許檸檬皮屑就完成囉。

· 干貝如果是用冷凍的，要記得先用冷藏解凍完成。表面要用紙巾擦乾，這樣才能煎出干貝的酥脆外皮唷。

挑選不苦的苦瓜

豆豉燜苦瓜

食材

苦瓜 *1* 條，豆豉、米酒、冰糖各 *1* 大匙，八角 *2* 顆，
紅辣椒 *1* 根，蒜頭 *5* 瓣，醬油 *2* 大匙，水 *180c.c.*，食
用油適量

1. 苦瓜去籽後切大塊；辣椒切圈。

2. 鍋子開中小火倒入食用油，稍微潤鍋放入苦瓜，
　　煎至兩面金黃上色後先起鍋。

3. 鍋子開中小火，放入蒜頭、辣椒圈炒香，加入豆
　　豉、冰糖、醬油、米酒、水、八角拌炒均勻。

4. 再放入苦瓜下鍋一起煮滾，加鍋蓋轉小火煮 20 分
　　鐘，開蓋後煮至醬汁稍微收乾即可。

・ 如果怕苦味的，可以選苦瓜兩頭尖尖的，瓜身筆直，
　表皮顆粒越大越飽滿的，紋路苦瓜的肉就越嫩。如果
　是表皮顆粒小，密且無規則排列，通常會比較苦。

椒鹽杏鮑菇

食材

杏鮑菇 *600g*，蒜末 *2* 大匙，辣椒、食用油各適量，黑胡椒粉、白胡椒粉、鹽 *1* 小匙，蔥適量

1. 蒜頭拍裂後切碎；辣椒切圈；蔥切蔥花；杏鮑菇用手剝成絲。

2. 鍋子開中小火熱鍋，放入杏鮑菇不斷拌炒至水份釋出，將杏鮑菇推至鍋邊，倒入食用油，蒜末、辣椒、蔥白煸至香氣釋出，放入其他調味料和配料炒勻即可。

· 杏鮑菇水份多，用乾鍋先乾煸杏鮑菇可以把鮮味濃縮在菇的裡面。

![食物照片]

剝皮辣椒烘蛋

食材

雞蛋 5 顆，青蔥 1 根，剝皮辣椒 6 根，剝皮辣椒醬汁 1 大匙，鹽 1/4 小匙，黑胡椒粉 1/2 小匙，食用油適量

1. 蔥切蔥花；剝皮辣椒切碎。雞蛋打散成蛋液打發至蓬鬆有氣泡。

2. 蛋液中加入剝皮辣椒碎、蔥花、剝皮辣椒醬汁、鹽、黑胡椒攪拌均勻。

3. 鍋子開小火倒入食用油稍微潤鍋，油溫夠熱時倒入剝皮辣椒蛋液，用筷子稍微攪拌以避免配料沉到鍋底，要保持小火避免燒焦，煎至蛋液邊緣凝結，將烘蛋翻面，兩面都煎至金黃色就完成囉。

· 蛋液要打發到蓬鬆有氣泡，吃起來烘蛋才會好吃；要判斷油溫是否足夠的方法，可以滴入蛋液測試油溫，當蛋液凝結時即可下鍋。

蔭鳳梨

食材

新鮮鳳梨 *600g*，細砂糖 *30g*，粗鹽 *60g*，豆粕 *45g*，甘草片 *3-4* 片，米酒 *60c.c.*

清洗豆粕

米酒 *2* 大匙

1. 豆粕中倒入米酒 (清洗豆粕材料)，將豆粕清洗乾淨後瀝乾。(圖 01)

2. 鳳梨切去蕊心，將果肉切成 0.8cm 的厚度塊狀。(圖 02)

3. 在玻璃罐 (事先消毒過) 中倒入些許米酒，蓋緊瓶蓋來回搖晃消毒後將米酒倒出，玻璃罐內先平鋪一層鳳梨，再鋪上一層豆粕、細砂糖、粗鹽，重複將材料層層堆疊。(圖 03、圖 04、圖 05)

4. 最後一層堆疊完成後，放上甘草片，倒入米酒後放入剩餘的豆粕，蓋緊後放置陰涼處，4~6 週即可享用。(圖 06、圖 07)

Q 蔭鳳梨使用的豆粕要去哪
　買？
　豆粕又稱作為「豆麴」，
　是黃豆經麴菌發酵過的產
　品，在一些超市、傳統市
　場、大型南北乾貨行可以
　購買。如果真的買不到，
　使用米豆醬也可以。蔭鳳
　梨除了直接當小菜吃，也
　可以用來煮蔭鳳梨雞湯唷。

Q 購買雞肉時該怎麼選擇？

A 雞肉有分肉雞、仿土雞、土雞及閹雞，料理不同選用的雞肉也不同。

肉雞的肉質較軟且容易煮熟，適合快炒、炸雞排、炸雞腿、滷雞腿（棒棒腿），由於生長期天數短，價格也相對便宜；仿土雞通常肉質比肉雞較為扎實，翅膀及雞腿也比較大，肉的顏色較深，用來做三杯、煮湯、滷肉都不錯，價格經濟又實惠；正土雞（土雞）的肉質一樣較肉雞稍硬及扎實，因生長期間天數長，體型較仿土雞小，肉質纖維緊實有咬感，低脂、熟程度佳，適合燉煮料理（雞湯），經久煮不爛，口感Q彈好吃，不過價位也較高一些。而土雞有分公雞（肉質紮實、且油脂少）、母雞（肉質比公雞軟嫩、油脂較多），閹雞（閹雞肉質介於公雞、母雞之間，脂肪比公雞多、但又沒有母雞油膩），可以按照不同的料理和喜歡的口感去選擇。

Q 要怎樣切洋蔥才能不流淚？

A 洋蔥切法不同，口感也會大不相同。通常我們會因料理不同而切法不同：例如選擇（縱切）順紋切或逆紋切，順著纖維順紋切（縱切）的洋蔥，能完整保留纖維原貌，加熱後不易軟爛能保有爽脆的口感。反之，逆紋切（橫切）就是下刀時與纖維呈直角的切法，洋蔥的纖維會被切斷，更容易煮熟，口感較軟滑且香甜味更容易釋出；以上的切法可依個人喜好做選擇。想在切洋蔥時不流淚，就要抑制催淚物質：二烯丙基二硫滲出，或者讓它溶為於水中，切洋蔥前的三個重要訣竅為:1. 將洋蔥冷藏20 分鐘；2. 在水中剝去外皮；3. 使用鋒利的刀具，以上的做法可以抑制硫化物揮發。而切好的洋蔥絲可放入冰水中冰鎮，口感爽脆又不會有辛辣味。

Q 杏鮑菇切法不同，吃起來的口感也會不同？

A 會的。因為切法不同，杏鮑菇吃起來口感也會不同，通常會有下列幾種切法：1. 對切（剖半、整根切厚片）：較適合煎烤、水煮、醃漬等。2. 切丁：切丁可以用來快炒、香滷，例如製作肉燥、沙拉、燉菜。3. 滾刀狀：適合裹粉酥炸、煮湯、燒燴等，因為滾刀塊方便用來沾醬。4. 在切片表面再劃刀：適合快炒、清蒸、沾附醬汁更入味。5. 手撕：手撕的不規則口感吃起來更有肉食感，適合用於快炒。

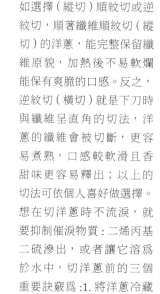

Part 6

湯品 Soup

青木瓜滋味清甜爽口

RECIPES

01

青木瓜排骨湯

食材

青木瓜 *1* 顆，豬尾冬骨 *500g*，紅棗 *10* 粒，老薑 *30g*，
枸杞、米酒各 *1* 大匙，鹽適量，水 *2000c.c.*

1. 薑切片；排骨先用沸水汆燙過；青木瓜剖半後去
   除中間的籽，切成小塊。

2. 鍋中放入排骨、薑片後注入水，開中大火煮滾，
   煮滾後撈除表面的浮渣，蓋上鍋蓋轉小火煮 30
   分鐘。

3. 打開鍋蓋放入青木瓜、紅棗，蓋上鍋蓋轉小火再
   煮 15 分鐘。

4. 開蓋後加入枸杞、米酒、鹽調味，就完成囉。

· 青木瓜是在市場買綠色的，而不是去水果店購買黃木瓜
  唷。使用全黃的木瓜來煮湯口感、風味都會不一樣，因
  此不太建議唷。

胡椒白菜雞湯

食材

大雞腿切塊 *1* 支，雞翅 *4* 支，雞爪 *5* 隻，蒜粒 *20* 瓣，紅蘿蔔 *1* 根，大白菜 *1* 顆，青蔥 *2* 根，老薑 *40g*，白胡椒粒 *25g*，白胡椒粉適量，米酒 *1* 大匙，鹽少許，水 *2000c.c.*

1. 薑切片；蔥切蔥花；大白菜切塊；紅蘿蔔切滾刀狀；雞肉先汆燙。

2. 白胡椒粒放入乾鍋中乾煸、取出，搗碎至香氣釋出，裝至滷包中，將滷包封口綁緊。

3. 鍋中放入雞肉、薑片、紅蘿蔔、蒜粒、滷包、水，開中火煮滾，先撈除表面的浮渣，加蓋後轉小火煮 30 分鐘，即可打開鍋蓋放入大白菜，將滷包夾起，再加蓋煮 5 分鐘，加入鹽、米酒、白胡椒粉調味即可。

· 白胡椒粒乾煸過再搗碎，香氣才會比較容易釋出，讓湯頭濃郁鮮美，充滿濃濃的白胡椒味。

食材

烏骨雞半隻，紅棗 10 顆，黑豆 150g，枸杞適量，薑片 3
片，米酒 1 大匙，鹽適量，水 2000c.c.

元氣黑豆烏骨雞湯

1. 黑豆先浸泡 30 分鐘後瀝乾；烏骨雞先用滾水汆燙。

2. 鍋中放入烏骨雞、紅棗、薑片、黑豆、注入水開中
   火煮滾，先撈除表面的浮渣，蓋上鍋蓋轉小火煮 35
   分鐘，再打開鍋蓋，加入枸杞、米酒、鹽，撈除過
   多的雞油 (依個人喜好) 就完成囉。

· 這道黑豆烏骨雞湯不需要太繁複的過程，簡單好做，不
  但很養生，而且也很美味唷。

泡菜豆腐鍋

食材

牛肉 300g，豆腐 1 塊，鴻喜菇 1 包，金針菇 1 包，蛤蜊 12 顆，豆芽菜適量，泡菜 200g，洋蔥 1/2 顆，紅蘿蔔片 8 片，大白菜適量，青蔥 3 根，韓式辣椒醬 1.5 大匙，冰糖、香油各 1 小匙，薑泥、蒜泥各 1/2 大匙，食用油適量

1. 蔥白、蔥綠均切段；洋蔥順紋切絲；大白菜切塊；豆腐切塊。（圖 01）

2. 鍋子開中大火倒入食用油，放入洋蔥、蔥白拌炒至香氣釋出，再放入牛肉拌炒至表面上色。（圖 02）

3. 加入韓式辣椒醬、蒜泥、薑泥、冰糖後拌炒均勻，放入一半的泡菜後稍作拌炒。（圖 03）

4. 先將牛肉夾起鍋，放入大白菜後炒勻，注入高湯，蓋上鍋蓋將湯頭煮滾。（圖 04）

5. 開鍋蓋依序放入豆腐、蛤蜊、鴻喜菇、炒好的牛肉、金針菇、紅蘿蔔、剩餘的泡菜、豆芽菜、蔥段煮滾後淋上香油就完成囉。（圖 05）

Q 爲什麼泡菜會越放越酸？
　因爲泡菜是乳酸菌在缺氧
　的空間裡發酵作用才讓泡
　菜有了香味，但乳酸菌在
　促使泡菜的發酵過程中不
　斷的產生乳酸，時間一長，
　泡菜的口感就會更酸，這
　酸度最適合拿來炒泡菜豬
　肉或煮泡菜鍋，經過烹煮
　後風味最佳。

蒜香牛蒡雞湯

食材

土雞塊 *1200g*，山藥 *150g*，牛蒡 *1* 根，蛤蜊 *15* 顆，蒜頭 *15* 瓣，老薑 *20g*，紅棗 *10* 顆，枸杞 *20g*，水 *1800c.c.*，鹽 *1/2* 大匙，米酒 *1* 大匙

1. 薑切片；牛蒡以刀刮去表面外皮，牛蒡切滾刀狀。(圖 01、圖 02)

2. 牛蒡放入冷水中，再加入 1 大匙白醋以防止氧化。(圖 03)

3. 山藥削去外皮，切成小塊。(圖 04)

4. 土雞先汆燙，鍋中放入雞肉、牛蒡、蒜頭、薑片、紅棗，注入水開中火煮滾，撈除表面的浮渣，再蓋上鍋蓋，轉小火煮 30 分鐘。(圖 05)

5. 開蓋後放入山藥，轉中火蓋上鍋蓋再煮 5 分鐘，撈除過多的雞油後放入蛤蜊、枸杞、米酒煮滾至蛤蜊開口後，加入鹽調味就完成囉。(圖 06、圖 07)

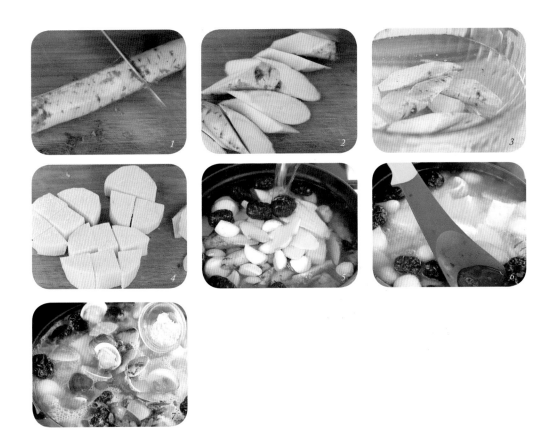

Q 是否一定要使用土雞？

土雞肉的口感較扎實，肉
質纖維緊實有咬感，而且
低脂，相當適合燉煮料理，
但是改用仿土雞也是可以
的。

牛蒡山藥排骨湯

食材

排骨 *300g*，牛蒡 *1* 根，山藥 *1* 根，薑 *15g*，紅棗 *8* 顆，枸杞適量，鹽 *1/2* 大匙，米酒 *1* 大匙

1. 薑切片；山藥削去外皮後切成喜歡的大小。(圖 01)

2. 牛蒡刮除外皮後切滾刀狀，將牛蒡塊先泡鹽水可以防止氧化。(圖 02)

3. 鍋中放入汆燙好的排骨、牛蒡塊、薑片、紅棗、注入水開中大火煮滾，撈除表面的浮渣，蓋上鍋蓋轉中小火，大約煮 40 分鐘。(圖 03、圖 04)

4. 打開鍋蓋，加入山藥塊、枸杞、鹽、米酒後稍作攪拌，再煮約 5 分鐘就完成囉。(圖 05)

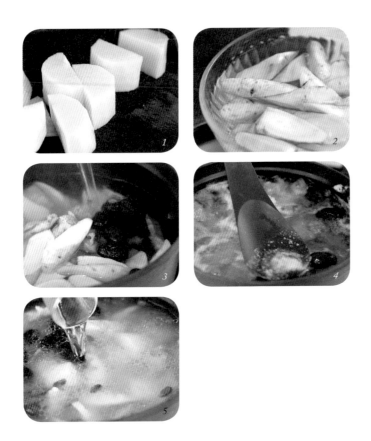

Q 爲什麼牛蒡被稱爲台灣人
參?

因爲牛蒡營養豐富,含有
高膳食纖維,可以幫助消
化,據說還能降血糖、血
脂、穩定情緒等,所以被
認爲是蔬菜中營養價值非
常完整的食材。

竹筍香菇雞湯

食材

土雞切塊半隻，綠竹筍 3 根，蛤蜊 15 顆，乾香菇 5 朵，薑片 20g，水 1800c.c.，枸杞 1 大匙，米酒 1 大匙，鹽適量

1. 雞肉先用滾水汆燙；薑切片；香菇泡軟後切對半；綠竹筍切滾刀狀。(圖 01)

2. 鍋中放入燙好的雞肉、綠竹筍、香菇、薑片，加入水開中小火煮滾，撈除表面的浮渣。(圖 02)

3. 蓋上鍋蓋轉小火煮 30 分鐘，打開鍋蓋，撈除表面多餘的雞油。(圖 03)

4. 放入蛤蜊、枸杞、米酒煮滾至蛤蜊開口，依個人口味加入鹽適量即可。(圖 04)

Q 如何挑選好吃且沒有苦味
　的綠竹筍？

　竹筍挑選時可儘量選擇有
　泥土及筍殼的，靠近筍尖
　的筍體稍微彎曲，呈現牛
　角狀為佳，底部要又圓又
　大，筍肉厚實且細緻，能
　挑到筍尖及有著黃棕色的
　外殼最好，筍尖若［出青］
　變成綠色，代表竹筍生長
　時照射陽光，吃起來筍肉
　會較老也容易有苦味。

金沙南瓜濃湯

食材

南瓜 *500g*，洋蔥 *1* 顆，紅蘿蔔 *1* 根，鹹蛋黃 *2* 顆；蒜末 *1* 大匙，黑胡椒粉 *1* 小匙，鹽適量，高湯 *300c.c.*，牛奶 *200c.c.*，食用油適量

1. 洋蔥切丁；紅蘿蔔切丁，南瓜去皮後切薄片，鹹蛋黃先用電鍋蒸熟，稍微壓碎。

2. 鍋中開中小火倒入食用油，洋蔥下鍋拌炒至透明後推至鍋邊，加入蒜末、食用油少許拌炒出香氣，放入鹹蛋黃炒至起油泡，再加入紅蘿蔔、南瓜稍作拌炒，注入高湯煮滾後蓋上鍋蓋，轉小火煮 10 分鐘。

3. 打開鍋蓋後熄火，用手持攪拌棒打至喜歡的口感，再加入牛奶、鹽、黑胡椒粉開小火將濃湯煮滾就完成囉。

• 如果單純煮南瓜湯也是一樣的作法，只是少了拌炒鹹蛋黃的步驟。搭配法國麵包一起吃剛剛好。

食材

土番鴨半隻，酸菜 *400g*，薑 *25g*，米酒 *1* 大匙，鹽適量，
水 *2000c.c.*

酸
菜
鴨
湯

1. 薑切片；酸菜洗淨後切成適口的大小；鴨肉塊事先
   汆燙。

2. 鍋中放入鴨肉、薑片、注入水開中大火煮滾，撈除
   表面的浮渣，蓋上鍋蓋轉小火煮 40 分鐘。

3. 打開鍋蓋，放入酸菜，蓋上鍋蓋再煮 10 分鐘，打開
   鍋蓋，加入鹽、米酒就完成囉。

· 如果是超市購回的真空酸菜，通常衛生無疑慮，用清水
  稍微漂洗 1-2 次即可，但如果是市場購買的自製酸菜，
  清洗時就要特別注意泥沙和鹹度唷，如果太鹹就要多洗
  幾次。

蒜頭雞湯

食材

土雞 *900g*，香菇風味料適量，蒜頭 *25* 瓣，老薑 *25g*，枸杞 *15g*，青蔥 *2* 根，米酒 *1* 大匙，水 *2000c.c.*

1. 薑切片、蔥切蔥花、枸杞事先用米酒浸泡。(圖 01)

2. 鍋中水滾後放入雞肉，燙至表面變色 (去除血水及雜質)，將燙好的雞肉起鍋。(圖 02)

3. 另起一鍋開中小火倒入油，放入一半的蒜頭煸至表面金黃上色，再放入雞肉炒至表面上色。(圖 03)

4. 加入薑片、剩餘的蒜頭、水，轉中大火將湯頭煮滾，撈除表面的浮渣，蓋上鍋蓋轉中小火煮 40 分鐘。(圖 04)

5. 打開鍋蓋，撈除表面的雞油，加入適量的香菇風味料、枸杞、蔥花就完成囉。(圖 05、圖 06)

Q 沒有香菇風味料可以嗎？
　　如果沒有香菇風味料，可
　　以加一點蛤蜊增加鮮甜味。
　　冬天最適合來上一碗這樣
　　熱呼呼又養生的蒜頭雞湯，
　　健康、營養又美味。

味噌蔬菜鮮魚湯

食材

龍虎石斑 1 尾，牛蒡 80g，蔥 2 根，紅蘿蔔、白蘿各 120g，洋蔥 100g，蒟蒻 80g，水 800c.c.，味噌、食用油各適量

1. 將處理好的龍虎石斑洗淨，用紙巾擦乾表面水份，魚肚也要擦乾水份喔，將龍虎石斑輪切成片。(圖 01)

2. 蔥切蔥花、洋蔥切絲、紅蘿蔔切薄片。蘿蔔切薄片；牛蒡切片；蒟蒻先氽燙後切片。(圖 02)

3. 鍋子開中小火倒入食用油，放入洋蔥下鍋拌炒至透明狀，加入紅蘿蔔稍作拌炒加入牛蒡、白蘿蔔、蒟蒻後稍作拌炒。(圖 03)

4. 放入魚頭下鍋，加入水後轉中大火將湯頭煮滾後，撈除表面的浮渣，煮至魚肉變熟 (約 3 分鐘)(圖 04、圖 05)。

5. 熄火後透過濾網加入味噌，灑上蔥花就完成囉。

Q 如何煮出風味醇厚的的味
　噌湯？

　煮味噌湯時建議味噌要在
　鍋子熄火後才加入湯裡溶
　解，以濾網過篩方式加入
　味噌才不會結塊，一煮沸
　就立刻熄火，不再一直煮
　滾是為了避免破壞味噌酵
　素，導致營養及豆香味流
　失，而且烹煮過久也會讓
　味噌味道變苦喔。

鳳梨入菜鹹香清甜

鳳梨苦瓜雞

食材

土雞半隻，苦瓜 1 條，新鮮鳳梨 120g，蔭鳳梨 150g，薑片 3 片，米酒 1 大匙，水 1600c.c.

1. 雞肉先汆燙過；苦瓜切對半後，將苦瓜囊與籽去除，切塊狀；新鮮鳳梨切塊。

2. 鍋中放入雞肉、苦瓜塊、鳳梨、蔭鳳梨、薑片、米酒、水開中大火煮滾後撈除表面的浮渣。

3. 蓋上鍋蓋後轉小火煮 30 分鐘就完成囉。

· 雞肉汆燙過可以去除雜質和浮沫，這樣煮出來的湯就會清澈香甜，不會濁濁的。

土雞Q彈有咬勁

麻油雞火鍋

食材

土雞 *1.8kg*，老薑 *50g*，米酒 *2 瓶*，水、枸杞適量，黑麻油 *2 大匙*，砂糖 *1/2 大匙*，紅棗 *10 顆*，當歸 *1 小片*，高麗菜、菇類、火鍋料各適量

1. 老薑拍裂；雞肉事先汆燙。

2. 鍋中倒入黑麻油後老薑下鍋，開小火慢慢煸至香氣釋出，轉中大火，放入雞肉翻炒至表面上色，再放入砂糖拌炒，加入米酒，紅棗、當歸，將湯頭煮滾，撈除表面的浮渣，再煮滾 5 分鐘至酒精揮發，蓋上鍋蓋，轉小火煮 25 分鐘，打開鍋蓋後放入枸杞。

3. 依序放入喜歡的蔬菜及配料，如果太濃或是太淡則可再自行加入水或米酒調整湯頭，調味後煮滾就完成囉。

·   選用土雞的肉質 Q 彈有咬勁，而且比較耐煮。火鍋料和菇類可以選自己喜歡的種類就可以了。

Amy 老師の 零失敗 Q A 小講堂

Q 如何挑選牛蒡，不發黑、去澀味，煮婦必學技巧！

A 牛蒡富含大量的膳食纖維及豐富營養元素而廣受大眾好評！更有著東洋人蔘之美名。牛蒡含有大量的鐵質，去皮或切開後為了避免褐化，可放進清水或醋水（濃度約 3-5% 即可）中稍微浸泡後再繼續烹煮，除了防止氧化發黑也能去除澀味。不過，泡水這步驟也會讓部份營養素流失喔。最好是下鍋前再切牛蒡，且馬上料理，更能攝取到牛蒡完整的營養。

【挑選牛蒡的 5 個重點】：
1. 看體型（形狀筆直、粗細均勻、直徑約為 5 圓硬幣大小，口感最佳）。2. 帶泥土（避免挑選洗過的牛蒡、選擇帶皮未處理的品質最好）3. 手感重（同樣大小的牛蒡拿在手中較重者，代表水份含量更充足，口感緊實可口，太輕者則代表鮮度流失且可能是空心而口感差。4. 彈性佳（用手拿起牛蒡的一端輕輕擺動，尾端自然晃動代表彈性佳，口感鮮嫩好吃。5. 鬚根少（這樣的牛蒡最新鮮，若有太多鬚根則代表鮮度不足）。

Q 如何挑選味噌？

A 味噌可按照顏色挑選風味，甜鹹風味大不同，味噌依熟成期長短可分成紅味噌、白味噌。一般家庭常使用的是發酵期較短、鹽份較低的白味噌，口味較清淡且偏甜，而熟成期較長的紅味噌，鹽份較高、偏鹹、香氣濃郁，可搭配白味噌一起使用。烹調時可各人喜好自由選用不同的味增，有時調和使用兩種不同的味增，例如白味噌加少許紅味噌，更能煮出甘甜好滋味。

Q 買到的排骨會有肉腥味，要如何去除排骨的腥味？

A 料理前可以先將排骨跑活水！首先將排骨洗淨放入湯鍋裡，可以加入薑片、蔥段，水量超過排骨即可、以冷鍋冷水的方式，開中小火慢慢加熱但不能煮滾，煮的過程中排骨的表面和骨頭裡會有浮末釋出，這就是腥味來源。還未煮滾前就可以熄火，將排骨再次用清水沖淨即可。

Q 喜歡吃苦瓜又怕苦味，怎麼辦？

A 苦瓜苦味的來源是因為含有奎寧，苦瓜素等，苦味多存在於苦瓜囊中，只要在料理前將苦瓜囊與苦瓜籽完全去除，再用湯匙將苦瓜囊的白色膜刮去、苦味便能去除大半，下鍋前再汆燙一下也能去除苦味，另外苦瓜也有分品種，可挑選白玉苦瓜、蘋果苦瓜等，幾乎沒什麼苦味。

Part 7

台灣在地小食

Taiwanese Food

自
製
蘿
蔔
糕

食材

在來米 *400g*，磨米水 *480ml*，白蘿蔔絲 *1200g*，鹽 *1*
大匙，白胡椒粉、醬油、芝麻香油各 *1* 小匙，豬絞肉
100g，蝦米 *30g*，乾香菇 *5* 朵，油蔥酥、食用油各適
量

1. 乾香菇先泡軟、切丁；在來米洗淨後浸泡 3-4 小
   時，至米心全透；蝦米切碎備用；白蘿蔔去皮、
   刨絲。(圖 01、圖 02)

2. 攪拌機內倒入在來米、一半的水拌打，過程中可分次倒入剩餘的水，打成米漿即可 (圖 03、圖 04)。

3. 模具內抹上油，鋪上烘焙紙。(圖 05)

4. 炒鍋開中小火，倒入食用油，蝦米及香菇下鍋稍作拌炒，加入豬絞肉炒至表面金黃焦香，倒入鹽、白胡椒粉、醬油拌炒出香氣。(圖 06)

5. 倒入白蘿蔔絲，拌炒均勻。(圖 07)

6. 蓋上鍋蓋，燜煮 2 分鐘至透明狀。(圖 08)

7. 開蓋後，加入油蔥酥、芝麻香油，稍作拌炒。(圖 09)

8. 轉小火，將米漿分次慢慢倒入。(圖 10)

9. 不斷拌炒至濃稠狀，拌炒至快凝結時熄火；將蘿蔔米漿裝入模具內，表面鋪平，電鍋中放入蒸架，倒入 3 米杯的水，放入蘿蔔米漿蒸熟。(圖 11)

10. 表面蓋上盤子，可以防止水蒸氣滴落。(圖 12)

11. 蓋上鍋蓋，按下電鍋開關，電鍋跳起後再燜 30 分鐘；打開鍋蓋後用筷子測試熟度，筷子不沾黏代表 OK 囉，表面刷上油，蘿蔔糕就完成了。(圖 13、圖 14)

· 如果是直接使用在來米粉，則要以在來米粉 3：白蘿蔔絲 1 的比例，最能嚐到蘿蔔糕最佳口感。白蘿蔔絲要炒至軟化，拌入粉漿水時要小火 (利用爐子餘溫也可以) 拌至蘿蔔絲及米漿變成濃稠狀，這樣蒸出來的蘿蔔糕口感才會軟 Q 好吃。

草仔粿

食材

糯米粉 *400g*，米穀粉 *120g*，細砂糖 *70g*，食用油 *15c.c.*，鼠麴草 *70g*，水 *300c.c.*，食用油適量，粽葉適量

內餡

乾蘿蔔絲 *70g*，豬絞肉 *100g*，蝦米 *30g*，乾香菇 *6* 朵，紅蔥頭 *5* 瓣，油蔥酥適量

調味料

醬油 *1.5* 大匙，味霖 *1* 大匙，海鹽適量，白胡椒粉 *1/2* 大匙，芝麻香油少許

1. 【鼠麴草汁】摘下鼠麴草嫩葉及花朵部分，水滾後，放入洗淨的鼠麴草中小火煮 5 分鐘後起鍋，擰乾水份後放入果汁機中，倒入水 240c.c.，蓋上果汁機的上蓋，攪拌成汁。(圖 01)

2. 粿粹碗中加入糯米粉 40g、米穀粉 12g，水 60c.c. 分次注入後稍作攪拌，揉捏成糰後整成小片狀，放入滾水中，粿粹煮熟後會浮起。(圖 02、圖 03)

3. 另取一個碗，加入剩下的糯米粉、米穀粉及細砂糖，將粉類混合均勻，注入一半鼠麴草汁，稍作攪拌，再倒入剩餘的鼠麴草汁，稍作攪拌，放入步驟 2 的粿粹、食用油 15c.c. 後攪拌揉捏至光滑軟 Q 即可，蓋上保鮮膜防止乾燥。(圖 04、圖 05)

4. 【內餡】紅蔥頭蝦米、乾蘿蔔絲均切碎；泡軟的香菇切細丁；鍋子開中小火熱鍋後倒入食用油，放入紅蔥頭、蝦米、香菇拌炒出香氣，加入豬絞肉炒至表面上色，再放入乾蘿蔔絲、醬油、鹽、白胡椒粉、味霖，加入油蔥酥、芝麻香油拌炒。(圖 06)

5. 粽葉先洗淨煮軟後剪成小片，將粽葉修成圓型，表面抹上少許食用油，手掌上也抹少許油。

6. 取出米糰 70g，揉捏成圓餅狀，包入餡料 40g，將封口捏緊，整成橢圓狀，捏出造型線條，將草仔粿放至粽葉上。(圖 07、圖 08)

7. 水滾後放上蒸籠，以中大火蒸 15 分鐘，打開鍋蓋排出部分蒸氣，蓋上鍋蓋轉小火再蒸 3-4 分鐘，熄火開蓋就完成囉。(圖 09)

Q 使粿皮怎麼做才不會冷了就硬邦邦？

加入米穀粉就是訣竅，米穀粉是使用白米研磨的粉，就是我們吃的白米，也可以用在來米粉來替代，無論是蓬萊米粉或在來米粉都屬於米穀粉，製作粿皮時加入糯米粉可以做出軟 Q 好吃的粿皮口感之外，取一部分麵糰做成粄母，也能讓粿皮軟 Q 好吃。

蚵仔要挑選飽滿新鮮的

蚵仔煎

食材（2 人份）

蚵仔 12-15 顆，青蔥、小白菜各適量，雞蛋 1 個

蚵仔醃料

米酒 1 小匙，鹽、白胡椒粉各 1/4 小匙

粉漿

地瓜粉 60g，太白粉 10g，水 150c.c.

甜辣醬汁

甜辣醬 3 大匙，柴魚醬油 2 大匙，味霖 1 大匙，太白粉水 20c.c.

1. 青蔥切蔥花；小白菜切段；雞蛋打散成蛋汁；地瓜粉、太白粉、水拌勻成粉漿，靜置 15 分鐘。

2. 蚵仔加入鹽、白胡椒粉、米酒，醃漬去腥，再加入粉漿 1 大匙稍微拌勻。

3. 鍋中倒入甜辣醬、柴魚醬油、味霖開中小火煮滾，加入太白粉水 20c.c. 勾芡，此為甜辣醬汁。

4. 鍋子開中大火倒入油，稍微潤鍋後放入蚵仔，先放上一半的蔥花、倒入一半的粉漿，煎至粉漿開始凝結時放上小白菜，淋上打散的蛋汁，再倒入剩餘的粉漿，煎至邊緣金黃酥脆後再將蚵仔煎翻面 (可以用盤子輔助比較好翻面)。

5. 煎至兩面金黃焦香後，淋上甜辣醬汁、灑上蔥花就完成囉。

· 粉漿每次要下鍋前需先拌勻，避免粉漿沉澱，粉漿的多寡也會影響蚵仔煎酥脆口感，粉漿越薄就會越酥脆，粉漿要分次下鍋煎，用中大火才能煎出最佳口感。

香菇肉燥

食材

乾香菇 *15* 朵，絞肉 *500g*，紅蔥頭 *10* 瓣，薑片 *15g*，辣椒 *1* 根，八角 *1* 個，醬油 *80c.c.*，五香粉、白胡椒粉 *1* 小匙，冰糖、味霖 *1* 大匙，米酒 *2* 大匙，水 *400c.c.*，食用油適量

1. 紅蔥頭切片；薑切片；乾香菇泡軟後切丁。

2. 鍋子開小火倒入油，放入紅蔥頭煸至金黃色，先起鍋備用。

3. 原鍋放入豬絞肉拌炒至表面上色，再放入香菇丁、薑片拌炒後加入冰糖、味霖、醬油炒勻，倒入五香粉、白胡椒粉、八角、辣椒、米酒稍作拌炒，加入水，煮滾後蓋上鍋蓋，轉小火大約煮 15 分鐘，打開鍋蓋後倒入油蔥酥，稍微拌勻就完成囉。

· 豬絞肉的肥瘦比可以挑個人喜歡的搭配，我會選擇肥瘦比 3：7 左右的比例，但是如果怕太油可以挑選瘦肉多一些的。

食材

雞蛋 *10* 顆，紅茶茶葉 *10g*，可樂 *330c.c.*，醬油 *100c.c.*，鹽 *1* 小匙，水 *500c.c.*

香料滷包

八角 *2* 粒，甘草片 *3* 片，草果 *2* 粒，月桂葉 *2* 片，桂皮 *3* 片，小茴香、花椒粒各 *1/2* 大匙

1. 草果拍裂、桂皮折小塊、月桂葉稍微撕開 (幫助香氣釋出)、花椒粒先乾鍋煸出香氣，連同小茴香、八角、甘草片全部都放入滷包袋中；紅茶葉也裝袋成紅茶滷包。

2. 雞蛋放入鍋中，注入水淹過雞蛋，加入鹽 1/2 大匙 (份量外)，開中火煮滾 10 分鐘，稍微翻一下蛋，撈起後放入冰水中降溫，再用湯匙輕敲出裂痕。

3. 起一鍋放入滷包、醬油、鹽、可樂中小火煮滾，放入雞蛋、水 500c.c. 煮滾後蓋上鍋蓋，轉小火煮 25 分鐘，熄火後再燜 1 小時，打開鍋蓋將滷包取出就完成囉。

· 煮水煮蛋時稍微翻一下蛋，可以讓蛋黃置中，在水裡加入一點點鹽巴，可以避免蛋殼裂開造成蛋白流出。

可樂茶葉蛋

淋上甜辣醬更好吃

肉粽

食材 (約 10 顆份量)

長糯米 *600g*，花生 *200g*，鹹蛋黃 *10* 顆，五花肉、香菇、
魷魚各適量，油蔥酥 *2* 大匙，滷汁 *170c.c.*，粽葉 *20* 片，
水適量，食用油 *1* 大匙

1. 長糯米先浸泡 1 小時後瀝乾；花生先浸泡 6 小時
   後瀝乾；粽葉洗淨後和棉線一起放入滾水燙過，
   粽葉燙軟後撈起。(圖 01)

2. 鍋中倒入長糯米、花生、滷汁、油蔥酥等所有食
   材拌炒均勻，炒至湯汁收乾。(圖 02)

3. 剪去粽葉上的粗梗。(圖 03)

4. 取 2 張粽葉，把平滑的那面放在裡面，小張的放裡面，大張的疊在後面，取粽葉的 1/3 處折成漏斗狀。(圖 04)

5. 粽葉內填入適量的糯米，依序放入五花肉、香菇、鹹蛋黃、魷魚，上面再填入適量的糯米，稍微壓實。(圖 05、圖 06、圖 07)

6. 將最上方的粽葉往下折，再將上蓋的左右兩端往下折。(圖 08、圖 09)

7. 最後將粽葉折好收尾，就能用棉線在粽腰處綁緊打結。(圖 10)

8. 把粽子放入鍋中，加入熱水至覆蓋過粽子，加入食用油 1 大匙，如果是使用壓力鍋需煮至壓力閥升起後，大約再煮 25 分鐘即可。(圖 11)

· 使用壓力鍋來蒸煮速度較快，若是家裡沒有壓力鍋，用一般的鍋子也可以，時間上約水煮 50 分鐘後熄火，再燜 15 分鐘再開蓋。

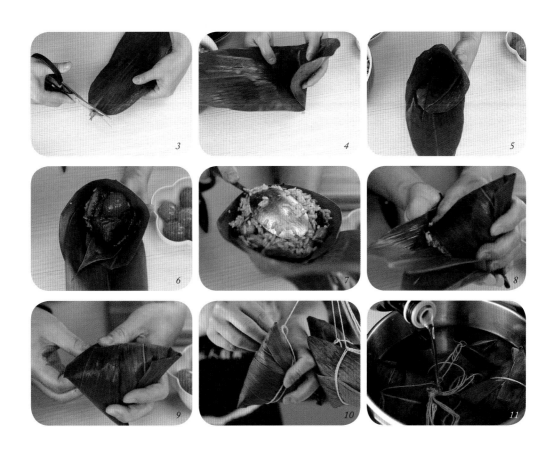

Q 如何讓茶葉蛋滷製快速上色及入味？

A 加快滷製時間的秘密武器就是：可樂，利用可樂的焦糖色澤、甜味等，都可幫助食材入滷的肉味又上色，所以滷肉時，有些人也會加入一些可樂。

Q 南部粽要如何水煮入味又不軟爛，又可預防米心沒有熟透？

A 南北粽的差異是什麼？其實最大差異就是【南煮北蒸】的口訣，南部粽大多使用水煮的方法，先將糯米等配料炒至半熟，包好粽子後再放入水中煮熟的方式。包粽子時填入餡料及糯米稍微壓實就可以，因為煮的過程糯米會膨脹，如果粽子綁太緊容易讓糯米無法完全煮熟，下鍋前先在水中加一大匙食用油，讓糯米不會黏在粽葉上，水煮好之後要再燜一下，可以讓粽子的糯米和配料的香氣完美融合，口感更好吃。

Q 料理前乾香菇忘記泡發該怎麼辦？

A 使用乾香菇時，需在料理前以冷水或溫水泡發，泡發方式有很多種：

‧冰箱泡發：只要將乾香菇泡進攝氏 5 度的冰水裡，再放進冰箱冷藏 3-5 小時，以冰冷泡發方式可保留香菇的鮮味，料理前就可以取出使用。

‧急著使用，或是想縮短時間的話，可試試溫水泡發法，只要在攝氏大約 35-40 度左右，接近人體溫度的溫水中加入一小撮砂糖，大概 15-20 分鐘就能香菇泡發了，但越厚的冬菇則需較長的時間泡發。

Q 蚵仔煎怎麼做才能讓皮 Q 又酥脆？

A 通常是地瓜粉搭配少許的太白粉，想要煎出外皮微酥內軟嫩的蚵仔煎，粉漿水的比例、火侯大小以及下粉漿的順序都很重要，粉漿通常都是以樹薯粉或地瓜粉為主，喜歡 Q 一些可以加入少許太白粉增添口感。

甜食點心

Desert

冰鎮後更Q彈了

椰香芋頭西米露

食材

芋頭 500*G*，糖 100*G*，水 800*c.c.*，西谷米 100*G*，椰奶
適量

1. 芋頭切小塊，放入鍋中加水 800*c.c.* 煮滾，蓋上鍋
   蓋，轉小火煮 15 分鐘。

2. 開蓋後熄火，倒入糖稍微拌勻至糖溶解，用手持
   攪拌棒將芋頭稍微打碎，可保留些許塊狀，口感
   更好。

3. 另起一鍋水煮滾後，放入西谷米，中小火煮滾 6
   分鐘，熄火後，蓋上鍋蓋再燜 15 分鐘，開蓋將西
   谷米撈出，再放入冰水中冰鎮、瀝乾。

4. 碗中倒入芋頭、西谷米，加入適量的椰奶即可。

芒果奶酪

食材

芒果 1 顆，鮮奶 250c.c.，動物性鮮奶油 250c.c.，細砂糖 3 大匙，香草豆莢 1/2 根，吉利丁片 4 片 (共 10g)

1. 芒果剝皮後切小塊，用攪拌棒或果汁機拌打成芒果泥。(圖 01)

2. 吉利丁片放入冰水中冰鎮 5 分鐘。(圖 02)

3. 從香草豆莢中取出香草籽。(圖 03)

4. 鍋中倒入鮮奶、動物性鮮奶油、細砂糖、香草籽、豆莢，開小火煮至 80 度後熄火，放入泡軟的吉利丁片攪拌至融化。(圖 04、圖 05)

5. 用濾網過濾後倒入量杯中，並用刮刀刮入香草籽。(圖 06)

6. 把濾好的奶酪液分裝到容器中，放入冰箱冷藏 3-4 小時，在上面放上適量芒果泥、新鮮芒果丁，最後用薄荷葉點綴即可。(圖 07、圖 08)

Q 使用吉利丁粉的做法和吉
　利片一樣嗎？
　一般的吉利丁片一片約
2.5g，也可以用等量的吉利
丁粉來替代，但吉利丁粉
要先用 5 倍的開水泡開才
可以倒入奶酪液中拌勻。
而使用吉利丁片的份量則
可以看奶酪的軟硬度去調
整。

用滾水燙過可去除豆澀味

紅豆湯

食材

紅豆 *300g*，冰糖、水各適量

1. 紅豆先浸泡 6-8 小時，撈起放入滾水中，燙過後瀝乾，放入電鍋內鍋中，注入水至蓋過紅豆 1cm。

2. 電鍋外倒入 1.5 米杯的水，放入紅豆烹煮，蓋上鍋蓋，按下煮飯鍵，跳起後再燜 20 分鐘。

3. 打開鍋蓋，加入冰糖、水適量，稍微拌勻，外鍋再倒入半米杯水，再煮一次後就完成囉。

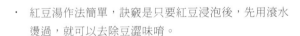

· 紅豆湯作法簡單，訣竅是只要紅豆浸泡後，先用滾水燙過，就可以去除豆澀味唷。

QQ粉角綠豆湯

食材

綠豆 *300g*，水 *2000c.c.*，冰糖適量

粉角

地瓜粉 *120g*，砂糖適量

粉漿水

地瓜粉 *2 大匙*，水 *100c.c.*

1. 綠豆洗淨後倒入鍋中，注入水 2000c.c. 開中小火加蓋煮滾，熄火後燜 30 分鐘，再次開火煮滾後，再熄火，燜 15-20 分鐘後開蓋，倒入冰糖攪拌均勻，綠豆湯就完成囉。(圖 01、圖 02)

2. 另起一鍋倒入地瓜粉、水，煮滾後轉中小火，將粉漿水煮至濃稠後熄火，熄火後將粉漿離開爐火，分次加入地瓜粉攪拌至粉糰可結塊。(圖 03、圖 04)

3. 取出粉角糰，揉捏均勻後桿成平面，再切成喜歡的大小。(圖 05)

4. 煮一鍋水滾後放入粉角，煮至粉角浮起(約10分鐘)，
   蓋上鍋蓋，熄火燜15分鐘，打開鍋蓋，將煮好的粉
   角撈起，倒入碗中，加入砂糖後攪拌均勻，粉角就
   完成囉，可以加入綠豆湯中一起吃。(圖06、圖07)

Q 綠豆湯為什麼煮出來是紅色的湯？
   變紅的原理很簡單，是綠豆湯中從綠豆表皮部分溶出的
   酚類物質在空氣中氧氣作用下發生氧化聚合的結果。(通
   常影響綠豆湯氧化主要因素有湯水的酸鹼度和空氣中的
   氧氣含量) 所以，這也就是為什麼開蓋煮綠豆湯容易變
   色，而使用燜煮方式來煮綠豆湯就不容易變色。

RECIPES

05

拔絲地瓜

食材

地瓜 *300g*，麥芽糖 *1* 大匙，細砂糖 *2* 大匙，水 *1/2* 大匙，食用油適量

1. 黃色地瓜及紫色地瓜去皮後切滾刀狀。(圖 01)

2. 鍋中倒入食用油，開小火熱鍋，放入地瓜稍炸，炸的過程中需不時翻面，炸至筷子可輕易穿過即可，炸好的地瓜起鍋備用。(圖 02、圖 03)

3. 另起一鍋放入細砂糖、水，煮至砂糖融化，砂糖可讓糖衣輕薄又脆，加入麥芽糖一起煮，煮至糖呈現焦糖色。(圖 04、圖 05)

4. 在糖鍋中放入炸好的地瓜，不斷翻炒讓地瓜裏上糖漿，均勻裏好後即可熄火起鍋，放入冰水冰鎮讓糖衣變脆，拔絲地瓜就完成囉。(圖 06)

Q 如何輕鬆煮出拔絲地瓜不
　反砂？

　所謂反砂就是指糖熬煮過
　頭，又變回砂糖的顆粒狀，
　所以熬煮糖漿的溫度很重
　要，過程中糖漿的泡沫由
　大變小，呈現濃稠且色澤
　變深，炸地瓜裹上糖漿後，
　沾上冰水就會有酥脆的糖
　衣。添加麥芽糖可以讓整
　體不死甜，也比較容易成
　功拔絲。

加入少許的糖可以防止沾黏

手工芋圓

食材

地瓜或芋頭 *200g*，地瓜粉 *50g*，太白粉 *15g*，砂糖、水各適量

1. 地瓜 (芋頭) 切片；將地瓜 (芋頭) 片放入蒸籠中，電鍋內放入蒸架，外鍋加入水 1 米杯，放入蒸籠，按下電鍋開關蒸至跳起即可。

2. 把蒸好的地瓜，加入糖攪拌，邊壓成泥狀，再慢慢加入地瓜粉、太白粉後混合均勻，過程中可以加入水做調整，混合成糰狀。

3. 取出 1/4 的麵糰當做粄母，煮一鍋水滾後放入粄母煮至浮起、撈出，將粄母倒入麵糰中揉捏成糰，持續揉至表面光滑，灑上少許太白粉後搓成長條，切小塊。

4. 把芋圓放入滾水中煮至浮起，中間加冷水一碗，再次煮滾後撈起，放入碗中，加少許糖少許就完成囉，可以加入綠豆湯或紅豆湯一起吃。

‧ 撈起的芋圓可以加入少許的細砂糖或蜂蜜拌勻，口感就會軟 Q，又不會黏在一起。

地瓜薑湯

食材
地瓜 *2* 根，老薑 *50g*，冰糖適量，紅棗 *12* 顆，桂圓 *20g*

1. 地瓜削去外皮後切成滾刀狀；鍋中放入地瓜、拍扁的薑塊、紅棗、桂圓，注入水至 8 分滿，開中大火將地瓜湯煮滾，撈除表面的浮沫後稍作攪拌。

2. 蓋上鍋蓋轉小火煮 10 分鐘，打開鍋蓋，加入冰糖攪拌均勻就完成囉。

· 地瓜可以選黃色或是紫色地瓜都可以，如果不喜歡紅棗味，也可以不用加。

食材

紅茶茶葉 *6g*，水 *200c.c.*，牛奶 *400c.c.*，牛奶醬適量

鍋煮厚奶茶

1. 鍋中倒入水開中小火煮滾後轉小火，加入紅茶葉，
   小火先煮 50 秒，將茶葉拌開。

2. 倒入牛奶 (牛奶需事先回溫至常溫)，煮至邊緣起泡
   泡 (約 85 度)，稍微拌勻後熄火，蓋上鍋蓋燜 10 分鐘，
   濾掉茶渣，加入 1 小匙牛奶醬就完成囉。

· 要煮出不苦澀的奶茶，主要是茶葉不能久煮，煮滾後要
  以燜泡方式釋出茶味，茶葉如果久煮反而會有苦澀味。

零失敗Q A 小講堂

Amy 老師の

Q 如何煮出不黏糊、不軟爛，而且粒粒Q彈的西米露？

A 只要學會三步驟就能煮出好吃的西米露：1. 首先煮滾一大鍋水，水和西谷米的比例為 10:1 水量一定要多，下鍋後轉小火邊煮邊攪拌以免黏鍋。2. 煮至呈現半透明再關火燜一下，先煮後燜的方式可以防止西米露中間夾生。
3. 煮好(燜好)的西米露撈起後馬上放入冰水中降溫，撈起後可以拌入蜂蜜，讓西米露粒粒Q彈又透明晶亮，肯定好吃。4. 煮好的西谷米最好在當天享用完畢，盡量不要冰到隔天唷。

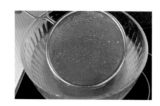

Q 如何做出軟Q的芋圓，即使放涼後也不會口感硬梆梆？

A 製作芋圓使用的水量會因地瓜、芋頭本身含水量不同而需做調整，只要芋圓麵糰軟硬適中不黏手，搓成長條形也不會有龜裂情形，就代表水量足夠，太乾就容易龜裂及碎掉，太濕黏就多添加地瓜粉做調整。加入少量粄母可以讓芋圓冷了都一樣軟Q好吃，不會硬梆梆的，還沒煮的手工芋圓可以放冰箱冷凍一個月，要煮時免解凍直接放入熱水中煮軟，就像煮冷凍水餃、湯圓一樣。

Q 煮紅豆湯好吃又出紅豆沙的祕訣？

A 紅豆是乾豆，所以煮之前要先浸泡 6-8 小時，或是洗淨後放入冰箱冷凍庫中，冰凍 1-2 小時，下鍋前只要用熱水先汆燙，就能去除豆澀味，先煮再燜的方式就可以讓紅豆鬆軟，最後才可以加入糖做調味。

Q 如何做出成功的拔絲地瓜？

A 要做出成功又好吃的拔絲地瓜，要在地瓜炸好時馬上炒糖漿，拌勻後馬上食用，做出的晶亮的糖絲，泡一下冰水，就會有爽脆的糖衣包裹裡面口感鬆軟的地瓜。

國家圖書館出版品預行編目資料
Amy の私人廚房 / Amy 著 . -- 初版 . -- 新北市：幸福文化出
版：遠足文化發行 , 2020.06
ISBN 978-986-5536-02-2(平裝)

1. 食譜
427.1   109007079

Amy の私人廚房
下班後快速料理（附完整步驟影音）

作　　者：Amy（張美君）
食譜協力：李　琦
責任編輯：黃佳燕
封面設計：Rika Su
攝　　影：Arko Studio 光和影像
內文排版：王氏研創藝術有限公司
印　　務：黃禮賢、李孟儒

出版總監：黃文慧
副　總　編：梁淑玲、林麗文
主　　編：蕭歆儀、黃佳燕、賴秉薇
行銷總監：祝子慧
行銷企劃：林彥伶、朱妍靜

社　　長：郭重興
發行人兼出版總監：曾大福
出　　版：幸福文化／遠足文化事業股份有限公司
　　　　　地　　址：231 新北市新店區民權路 108-1 號
　　　　　8 樓
網　　址：https://www.facebook.com/
happinessbookrep/
電　　話：（02）2218-1417
傳　　真：（02）2218-8057

發　　行：遠足文化事業股份有限公司
地　　址：231 新北市新店區民權路 108-2 號 9 樓
電　　話：（02）2218-1417
傳　　真：（02）2218-1142
電　　郵：service@bookrep.com.tw
郵撥帳號：19504465
客服電話：0800-221-029
網　　址：www.bookrep.com.tw

法律顧問：華洋法律事務所 蘇文生律師
印　　刷：凱林印刷股份有限公司

初版一刷：2020 年 06 月
定　　價：500 元

純米粉選永盛
給您 100% 的純粹好味！

永盛米粉旗下的「 聖光牌 純米米粉系列」是全台第一支通過產銷履歷認證的米粉。
身為「純米米粉」的領導品牌，永盛米粉堅持的不僅止於含米量 100% 的純粹，更要
讓米粉有身分的認證。從米粒到米粉，從產地到餐桌，讓您輕鬆掌握米粉的前世今生。
每一口「聖光牌 100%純米米粉」，都是台灣稻米專家、農人以及米粉職人共同的心
血結晶，米香滿溢、細緻紮實、軟中帶 Q，希望能滿足您挑剔的味蕾和健康的需求。

永盛米粉
Yung Shen Rice Noodles
since 1970

電話｜03-5398111　傳真｜03-5398080
WWW.YUNGSHEN.COM
新竹市香山區中華路五段 318 號

里仁、主婦聯盟、新光三越好好集、新光三越超市、微風超市、家樂福、頂好、
愛買、台中大買家、高雄大樂、各大農會超市、健康食彩、柑仔店、國防部
福利站、神農市場、有幾園、天和鮮物、永豐餘生技、土生土長、不二味、
PCHOME 線上購物、MOMO 購物、SUPERBUY、華品摃丸、進益摃丸、昶
瑞摃丸、新福源花生醬、奧丁丁市集、HUG 網路超市…等

美心MASIONS 台灣在地品牌，
創立於1975年。

美心鼎鈦鍋四代
韓國耐磨不沾炒鍋
1499元

Brand purpose

隨著時代的進步，生活水平提高。我們不間斷的開發實用
及高水準的產品，兼顧健康、環保。讓使用者透過我們的
商品更貼近理想的生活方式。美好生活，心之所嚮。

Featured products

MIT台灣製造商品
日本珍珠鍋系列
韓國專利大理石鍋系列

不鏽鋼複合黑晶鍋
3280元 起

橄欖木雙鍋組
3680元

Ecowood不發霉砧板
1299元 起

不鏽鋼陶瓷漸層保溫杯
590元

愛士實業有限公司 / Tel: (02)2763-9793
M: masions@gmail.com / Add: 台北市松山區新東街41-1號3樓
Web: www.masions.com.tw

Amy's
Kitchen